化工园区废水分类收集与分质预处理技术

石　岩　段云霞　编著

图书在版编目(CIP)数据

化工园区废水分类收集与分质预处理技术 / 石岩，段云霞编著. -- 天津 : 天津大学出版社, 2022.6
ISBN 978-7-5618-7197-3

Ⅰ.①化… Ⅱ.①石… ②段… Ⅲ.①化学工业－工业园区－工业废水处理 Ⅳ.①X780.3

中国版本图书馆CIP数据核字(2022)第088917号

Huagong Yuanqu Feishui Fenlei Shouji Yu Fenzhi Yuchuli Jishu

出版发行 天津大学出版社
地　　址 天津市卫津路92号天津大学内(邮编:300072)
电　　话 发行部:022-27403647
网　　址 www.tjupress.com.cn
印　　刷 廊坊市瑞德印刷有限公司
经　　销 全国各地新华书店
开　　本 185mm×260mm
印　　张 11.75
字　　数 293千
版　　次 2022年6月第1版
印　　次 2022年6月第1次
定　　价 60.00元

前　言

化工园区是现代化学工业为适应资源或原料转换，顺应大型化、集约化、最优化、经营国际化和效益最大化发展趋势的产物，是我国石油和化学工业转型升级、绿色发展的重要依托，是区域发展的重要引擎。化工园区在促进安全统一监管、环境集中治理、上下游协同发展等方面发挥着重要作用，已成为化工行业的主要发展阵地。

"十三五"以来，我国化工园区建设掀起了又一个高潮，进入了提质增效的新阶段。在化工园区飞速发展的同时，园区用水系统更加复杂，废水治理难度加大，单一地下管路的收集模式和一套废水处理工艺很难确保园区废水的稳定处理和达标排放，需要在园区层面将废水从产生到最终排放或回用的全过程作为一个整体，综合考虑废水的分类收集、分质处理、回用、输送、应急、监管等内容，建立园区废水分类收集模式和稳定的废水处理系统，实现园区废水的高效处理与综合利用，确保化工园区朝着资源节约、环境友好、低碳循环的方向健康发展。

本书主要介绍化工园区废水的分类收集与分质处理技术，共分为 6 章。第 1 章概述了我国化工园区的发展现状、废水处理方面存在的问题和常用的化工废水处理技术；第 2 章介绍了化工园区水污染源诊断与评估方法；第 3 章介绍了化工园区废水分类收集的方法和输送系统的建立；第 4 章介绍了化工废水分质预处理技术，主要包括预处理除油杂技术、预处理解毒技术、预处理去除重金属技术和预处理脱盐技术 4 大类；第 5 章介绍了化工园区废水分类收集与处理的典型案例；第 6 章介绍了智慧化工园区的管理平台和智慧化管理案例。本书内容力求简明扼要、图文并茂、深入浅出，具有较强的实用性和指导性，以期为相关管理者、科研工作者、工程技术人员、高校师生提供参考。

本书由石岩博士、段云霞博士主编，得到了天津市"131"创新型人才第一层次人选专项资金的资助和天津市生态环境科学研究院、天津市农业科学院、南开大学、中国环境保护产业协会水污染治理委员会、天津市联合环保工程设计有限公司、沈阳环境科学研究院、中国石油集团石油职业卫生技术服务中心等单位领导和专家的鼎力支持，在此表示衷心的感谢！本书编写过程中参考了大量的政策、标准、规范、论文、专著等相关资料，在此对这些编写人员和作者一并表示感谢！

本书虽经多次修改校正，但由于编者水平有限，疏漏和错误之处在所难免，敬请广大读者朋友批评指正。

编　者

2022 年初夏于天津

目　录

第 1 章　概 述

1.1　我国化工园区的发展现状

我国化工园区起步于 20 世纪 90 年代，2000 年以后呈快速发展势头，主要由经济开发区、高新区、工业园区衍变而来，经过二十余年的快速发展，我国已建成一批规划合理、产业协同、管理规范，对地方经济具有极强带动作用的先进化工园区。

"十三五"以来，我国化工园区建设掀起了又一个高潮，进入了提质增效的新阶段。据中国石油和化学工业联合会统计，截至 2017 年底全国重点化工园区及以石油和化工为主导产业的工业园区共有 601 家。其中，国家级（包括经济技术开发区、高新区）61 家，占比为 10%；省级化工园区数量最多，有 315 家，占比为 52%；地市级 225 家，占比为 38%（见图 1-1）。2018 年全国重点化工园区及以石油和化工为主导产业的工业园区增至 676 家。其中，产值超千亿元的超大型园区 14 家，超百亿元的超过 250 家。2018 年发布的全国化工园区 30 强名单中，从地区分布情况看，江苏 7 家园区上榜，数量位居全国第一，浙江排名第二，山东排名第三，其次是广东和河北地区（见图 1-2）。

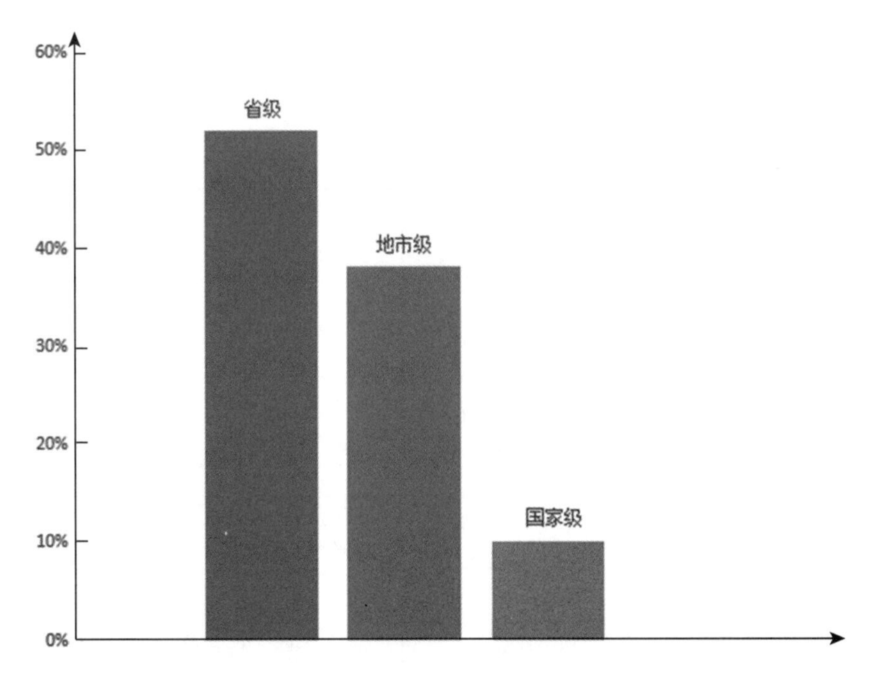

图 1-1　不同级别化工园区占比情况

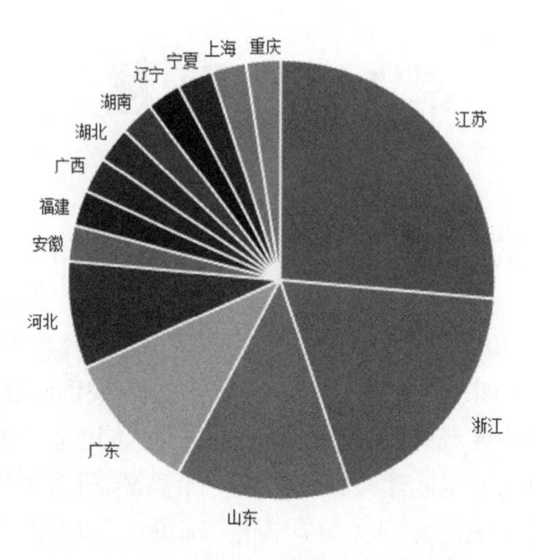

图 1-2 2018 年全国化工园区 30 强地区分布

表 1-1 列出了全国排名前十的化工园区。可以看出，目前我国化工园区进入了高质量发展的新阶段，不少化工园区对标世界一流化工园区，形成了比较完善的产业链，循环经济发展相对成熟，规模效应和集聚效应明显。

目前，化工园区在数量上已经基本满足国内需求，但是我国大部分化工园区体量小，粗放式发展引发的弊端也逐渐暴露出来，出现了安全环保等问题，产生了不良后果。在新时期的经济发展中，我国政府倡导“绿水青山就是金山银山”的发展理念，在环保政策要求下，化工园区面临新一轮洗牌，未来绿色环保的智慧化工园区将成为建设重点。

表 1-1 全国排名前十的化工园区

名称	简介	主导产业	主要入驻企业
上海化学工业经济技术开发区	由上海市人民政府于 1996 年 8 月 12 日批准设立，是中国改革开放以来第一个以石油化工及其衍生品为主的专业开发区。化工区规划面积 29.4 km²，2009 年底，管理范围扩大至 36.1 km²。目前已成为全球最大的异氰酸酯、国内最大的聚碳酸酯生产基地	重点发展石油化工、精细化工、高分子材料等产业	英国石油化工、德国巴斯夫、德国拜耳、德国赢创、美国亨斯迈、日本三菱瓦斯化学、日本三井化学等跨国公司以及法国苏伊士集团、荷兰孚宝、法国液化空气集团、美国普莱克斯等世界著名公用工程公司
惠州大亚湾经济技术开发区	1993 年 5 月经国务院批准成立。辖澳头、西区、霞涌 3 个街道办事处。陆地面积 293 km²，海域面积（含海岛）1 319 km²	高新技术产业和战略性新兴产业，主要涉及的产品包括丁苯胶乳、表面活性剂、塑料 ABS、甲基丙烯酸甲酯、丁苯橡胶（SBR）等	德国巴斯夫、瑞士科莱恩、韩国 LG 化学、日本三菱丽阳、普利司通

续表

名称	简介	主导产业	主要入驻企业
宁波石化经济技术开发区	地处杭州湾南岸，总体规划面积为 56.22 km^2。园区内有全国最大的镇海液体化工码头，年吞吐量超 500 万 t；有全国最大的炼化企业——镇海炼化，具有年炼油 2 500 万 t 和乙烯 100 万 t 的生产能力	重点发展以乙烯下游、合成树脂和基本有机化工原料为特色的石油化工产业	截至 2016 年 7 月底，有 49 家世界 500 强企业在宁波市投资兴办 110 个项目，总投资 110.7 亿美元
南京化学工业园区	位于南京市六合区，是继上海之后的中国第二家重点石油化工基地，近期规划面积为 45 km^2，远期规划面积为 100 km^2。已成为全国最大的乙烯生产基地之一，全球最大的环氧产业基地之一，全球最大的醋酸及衍生物基地之一，全国最大的芳烃基地之一，全国最大的高分子材料生产基地之一	石油化工、基本有机化工原料、精细化工、高分子材料、新型化工材料、生命医药等	扬子石化、扬子巴斯夫、扬子 BP、扬子伊士曼、惠生清洁能源、塞拉尼斯、亚什兰、瓦克、沙索、蓝星安迪苏、金陵 DSM、金陵亨斯迈、空气化工、林德气体、美国普莱克斯等
宁波大榭开发区	1993 年 3 月经国务院批准成立，规划面积 35.2 km^2，其中建设用地 19.6 km^2，是一个以临港产业为主导、特色鲜明、宜居宜业的国家级开发区	已形成了万华工业园、中海油大榭石化生产基地、三菱化学产业园、榭北新材料产业园等集聚效应突出、竞争优势明显的四大特色产业集聚区	中海油、万华化学、东华能源，日本三菱化学，韩国韩华化学，德国林德气体，德国汉圣石化，中国香港利万集团等
江苏扬子江国际化学工业园	2001 年，江苏省人民政府批准设立江苏扬子江国际化学工业园作为保税区的配套工业区。园区是长江流域最大的精细化工园，总规划面积 24 km^2，目前已建成面积为 13.78 km^2	已形成了有机硅、高性能材料、锂离子电池化学品、精细化学品、基础化学品等几条优势产业链	美国杜邦、陶氏、道康宁、霍尼韦尔、PPG，欧洲瓦克、佐敦、梅塞尔、法液空、孚宝，日本三菱化学、旭化成、森田、立邦，澳大利亚银河、华昌化工、国泰华荣等
江苏省泰兴经济开发区	成立于 1993 年，是全国最早的专业精细化工园区之一。开发区规划总面积 68 km^2，建成核心区面积近 20 km^2。已成为全球规模最大的高品质氯乙酸和聚硫橡胶生产基地；亚太地区最大的聚丙酰烯胺生产基地；国内最大的羧甲基纤维素和丙烯酸生产基地以及活性染料生产基地	已形成了氯碱、染料颜料和医药、农药、油脂化工及其他精细化学品等产业链明晰的产业集群	新加坡新浦化学、法国爱森絮凝剂公司等来自新加坡、荷兰、法国、美国等 20 多个国家和地区的 100 多家企业入住，其中世界 500 强企业 12 家
扬州化学工业园区	2003 年 10 月，扬州和仪征两级政府采取“市县联动”的模式，共同规划建设扬州化学工业园区，并于 2006 年 5 月得到国家发改委核准。园区在仪征市西南侧，规划面积 62 km^2	形成了以烯烃、芳烃为龙头，石油化工、精细化工、化工新材料、石化物流等产业集聚发展的态势	中国中石化仪征化纤、中石油昆仑天然气、台湾远东集团、东联化学、大连化工、香港建滔集团，日本东丽、住友精化，美国普莱克斯，英国博纳，韩国锦湖，新加坡凯发集团等
淄博齐鲁化学工业区	是山东省政府与中国石化集团的重要合作项目，是继上海化工区、南京化工区之后国家批准设立的第三家专业化工园区，规划面积 48 km^2	大力发展深加工产品，重点延长石油化工、精细化工、化工新材料、碳一化工、塑料和机械加工等五大产业链	美国伊士曼、英国 BOC、瑞典柏斯托、美国英科以及我国齐翔腾达等规模以上企业 223 个
东营港经济开发区	2006 年 4 月经省政府批准设立的省级经济开发区，位于东营市以北 100 km 处的渤海湾西南海岸，起步区 102 km^2，规划控制区 232 km^2，远景发展区 466 km^2	重点培育现代物流、生态化工、海洋装备制造等特色优势产业	中海油、万达天弘、华懋新材料、海科瑞林、爱克森、神驰石化等

1.2　化工废水的特点及危害

1.2.1　化工废水的来源

化学工业是一个多行业、多品种的工业部门，包括化学矿山、石油化工、煤炭化工、酸碱工业、化肥工业、塑料工业、染料工业、洗涤剂工业、医药工业等多种行业，生产品种在 3 万种以上。

（1）按化工废水排放途径的不同

化工废水是在化工产品生产过程中排放出来的废水，包括工艺废水、冷却水、废弃洗涤水、设备及场地冲洗水等。不同行业、不同企业、不同原料、不同生产方式和不同类型的设备等都对废水的产生数量和污染物的种类及浓度有很大影响。按化工废水排放途径的不同，化工废水的来源可分为以下几类。

①化工生产的原料和产品在生产、包装、运输、堆放的过程中因一部分物料流失又经雨水或用水冲刷而形成的废水。

②化学反应不完全而产生的废料。由于受反应条件和原料纯度的影响，任何反应都存在一个转化率的问题，一般反应的转化率只有 70%~80%。未反应的原料由于累积杂质较多，无法使用，常常以废水形式排放。

③化学反应中副反应过程生成的废水。化工生产主反应过程中，常伴随副反应，产生副产物。某些情况下，副产物数量不大，成分比较复杂，作为废水被排放出来。

④冷却水。化工生产常在高温下进行，因此需要对成品或半成品进行冷却。采用水冷时，就排放冷却水。若采用冷却水与反应物料直接接触的冷却方式，则不可避免地排出含有物料的废水。

⑤一些特定生产过程排放的废水。如：蒸馏和汽提的排水与高沸残液，酸洗或碱洗过程排放的废水。

⑥地面、设备冲洗水和雨水，因常带有某些污染物，最终也形成废水。

（2）按化工废水中污染物种类的不同

化学工业包括有机化工和无机化工两大类，化工产品多种多样，成分复杂，排出的废水也多种多样，多数有剧毒，不易净化，在生物体内有一定的积累作用，在水体中具有明显的耗氧性质，易使水质恶化。表 1-2 所示为典型化工行业废水中的主要污染物。

按化工废水中污染物种类的不同，化工废水可分为以下几类。

①无机化工废水，主要来自氮肥、磷肥、钾肥、硫酸、硝酸及纯碱等行业排放的废水，还包括从无机矿物中提取酸、碱、盐类等基本化工原料。在这类生产过程中产生的废水，主要来自冷却用水，排放的废水中含有悬浮物、酸、碱及大量盐类，有时还含有硫化物及有毒的物质。

表 1-2　典型化工行业废水中的主要污染物

典型化工行业	废水中的主要污染物
氮肥	氰化物、挥发酚、硫化物、氨氮、悬浮物（SS）、COD_{Cr}、氟化物
磷肥	氟化物、砷、五氧化二磷、SS、铅、镉、汞、硫化物
氯碱	氯化物、乙炔、硫化物、汞、SS
有机原料及合成材料	油类、硫化物、酚、氰化物、有机氯化物、芳香族胺、硝基苯、含氮杂环化合物、铅、铬、镉、砷
农药	有机磷、甲醇、乙醇、硫化物、对硝基苯酚、氯化钠、挥发酚、SS、六价铬
染料	卤化物、硝基物、氨基物、苯胺、酚类、硫化物、硫酸钠、氯化钠、挥发酚、SS、六价铬
涂料	油类、酚、醇、醛、SS、六价铬、铅、锌、镉
感光材料	明胶、醋酸、硝酸、照相有机物、醇类、苯、银离子、乙二醇、丁醇、二氯甲烷、卤化银、SS
焦炭、煤气粗制和精细化工产品	酚、氰化物、氨氮、COD_{Cr}、油类、硫化物
硫酸（硫酸矿制酸）	硫酸、砷、硫化物、氟化物、SS

②有机化工废水，主要来自有机原料及合成材料、染料、制药、农业等行业生产过程中所排放的化工废水，其废水成分多样，具有强烈的耗氧性质，毒性十分强，且多数是人工合成有机物，污染性十分强，不易分解，排入水体中会造成水体的严重污染。

③同时含有机物和无机物的废水，如氯碱、感光材料、涂料等行业的废水。

1.2.2　化工废水的特点

化工生产中需进行化学反应，化学反应要在一定的温度、压力及催化剂等条件下进行。因此，化工生产中工艺用水及冷却水用量很大，导致废水排放量大，约占全国工业废水排放总量的 30%，居各工业之首。

由于化工废水来源不同，种类繁多，呈现出有机污染物浓度高、水质成分复杂、毒性大等特点，一直以来都是废水处理行业的难点和热点。

（1）有机污染物浓度高

化工行业主要生产工段的出水化学需氧量（Chemical Oxygen Demand，COD）一般为 3×10^3 mg/L~5×10^3 mg/L，有的工段出水 COD 超过 10×10^3 mg/L，甚至高达 10×10^4 mg/L，即使是各工段的混合水，COD 平均也在 2×10^3 mg/L 以上。

（2）污染物种类多，生物降解性能差

化工废水中常含有大量溶剂类物质、环状结构化合物、酚类、苯类、酯类等大分子污染物质，以及萘、蒽、苯并芘等多环类化合物。这些有机物的化学结构稳定，组成复杂，废水生化需氧量（Biochemical Oxygen Demand，BOD）与化学需氧量的比值（B/C）极低，生物降解性能差，有的甚至不被微生物降解。此类废水迫切需要通过有效的预处理工艺，使有机污染物开环断链，提高废水的可生化性，实现稳定达标排放。

（3）污染物毒性大

化工废水中许多有机物和无机物是直接危害人体的毒物。有资料表明，化工废水中主要有害污染物年排放总量为 215 万 t 左右，其中氰化物排放量占全国总氰化物排放量的 1/2，而汞的排放量则占全国排放总量的 2/3。

化工废水中常见毒性污染物有以下几种：

①有毒或有剧毒的污染物，如氰、酚、砷、汞、镉和铅等；

②不易分解的污染物，在生物体内长期积累会对微生物产生严重的毒害及抑制作用，如有机氯化合物；

③致癌物质，如多环芳烃化合物等；

④难降解有机物，具有致癌、致突变、致畸的“三致”作用或毒性，如芳香胺、硝基苯、二氯乙烷和氯苯，还有公认具有生殖毒性的全氟辛酸（PFOA）和塑化剂邻苯二甲酸二丁酯（DBP），它们对微生物有较强的抑制作用，对人体健康和生态环境构成潜在威胁。

（4）水质、水量变化大

化工企业在实际生产中的废水排放大多是间歇性的，不同时间段排放的废水种类多、水量波动大。化工废水的水量和水质因原料路线、生产工艺及生产规模不同存在很大差异。

（5）含盐量高

化工废水一般含有较高的盐分，致使常规二级生化处理菌种难以培养，生化效果不稳定，给达标排放增加了难度。

（6）油污染较为普遍

化工废水中的含油物质不仅来自石油化工厂，较多化工厂排放的废水也都漂浮有油脂，因此加重了水质污染的程度。

（7）具有长期残留性，水质污染恢复困难

化工废水一旦排放到环境中，难于被分解，可以在水体、土壤和底泥等环境介质中存留数年或更长时间，即使减少或停止污染物排出，仍很难消除污染状态。

1.2.3 化工废水的危害

1. 固体污染物的危害

一般的固体污染物，主要是固体悬浮物，会造成水体外观恶化、浑浊度升高，改变水的颜色。悬浮物沉积于河底淤积河道，危害底栖生物的繁殖，影响渔业生产；沉积于灌溉的农田，则会堵塞土壤毛细管，影响通透性，造成土壤板结，不利于农作物的生长。

2. 耗氧有机物的危害

化工废水中有机污染物进入水体后，使水体中的物质组成发生了变化，破坏了原有的物质平衡状态。有机污染物转入厌氧腐败状态，产生 H_2S、CH_4 等还原性气体，使水中动植物大量死亡，而且可使水体变黑变浑，产生恶臭，严重污染地球生态环境。水中的有机物始终是造成水体污染最严重的污染物，它是水变质、变黑、发臭的主要罪魁祸首。

3. 富营养化污染物的危害

首先水体富营养化促进水生生物（主要是藻类）的活性，刺激它们异常繁殖，大量消耗水中的氧，导致鱼类窒息死亡。其次水中大量的 NO_3^-、NO_2^- 若经食物链进入人体，将危害人体健康或有致癌作用。

4. 无机无毒污染物质的危害

酸性或碱性废水造成的水体污染必然伴随着无机盐的污染。酸性和碱性废水使水质恶化、土壤酸化或盐碱化。此外,酸性废水也对金属和混凝土材料造成腐蚀。

5. 有毒污染物质的危害

(1)无机有毒物质

无机有毒物质主要指重金属及其化合物。大多数重金属离子及其化合物易被水中悬浮颗粒所吸附,而沉淀于水底的沉积层中,长期污染水体。某些重金属及其化合物在鱼类和水生生物体内以及农作物组织内沉积、富集而造成危害。人通过饮用或食物链的作用,使重金属在体内富集而中毒,甚至导致死亡。

(2)有机有毒物质

有机有毒物质主要指酚、苯、硝基物、有机农药、多氯联苯、多环芳烃、合成洗涤剂等。这些物质具有较强的毒性,如多氯联苯具有亲脂性,易溶于脂肪和油中,可致癌;多环芳烃是致癌物质。

(3)放射性物质

放射性物质是指具有放射性核素的物质。这类物质通过自身的衰变可放射出 α、β、γ 等射线。放射性物质进入人体后会继续放射出射线危害机体,使人患上贫血、恶性肿瘤等疾病。

6. 油类污染物的危害

水体中的油量稍多时,在水面上形成一层油膜,使大气与水面隔绝,破坏了正常的充氧条件,导致水体缺氧。它还能附着于土壤颗粒表面和动植物体表,影响养分的吸收和废物的排出。同时,油污染还破坏海滩休养地、风景区的景观等。

7. 生物污染物的危害

生物污染物的危害主要是通过人和动物排泄的含有细菌、病菌及寄生虫等的粪便污染水体,引起各种疾病传播。

8. 热污染的危害

水温升高,可以造成以下危害:使水中的溶解氧减少,水质迅速恶化,造成鱼类和其他水生生物死亡;加快藻类繁殖,从而加快水体的富营养化进程;导致水体中的化学反应加快,使水体中的物化性质如离子浓度、电导率、腐蚀性发生变化,可导致对管道和容器的腐蚀;加速细菌生产繁殖,增加后续水处理的费用。

1.3 化工园区废水处理原则

化工园区废水的处理应遵循源头控制和末端治理相结合的原则,尽量减小化工废水的排放量,使化工废水处理后能够排放达标或被综合利用。化工园区废水的处理原则有以下几点。

①化工园区废水应尽量采用分类收集与分质处理的方式,譬如难生物降解的有毒化工

废水，如含有重金属、氰化物的废水，应与其他废水分流，以便于降低废水的处理难度和处理成本，同时回收有用物质。

②流量较大而污染较轻的化工废水，应经适当处理后再循环使用。

③成分和性质类似于城市废水的化工废水，可以排入城市废水系统。

④可以生物降解的化工废水，经厂内处理后，可按容许排放标准排入城市废水系统，由污水处理厂进行生物氧化降解处理。

1.4 化工园区废水处理问题解析

根据现行环保政策的要求，中国化工企业逐步纳入化工园区统一管理，实行废水集中处理，在系统管理、污染控制以及经济方面体现出了显著的优越性。化工园区废水处理设施的建设一方面加强了废水的收集处理，杜绝了可能产生的环境问题；另一方面很好地缓冲了高浓度化工废水可能对后续废水处理系统的冲击，是废水处理系统的重要前置。然而在飞速发展的同时，化工园区及化工企业废水处理在建设、运营方面仍存在不少问题，主要表现在以下几个方面。

（1）环境监管能力不足

化工行业排放水的处理是非常关键的，废水处理不及时或不彻底不仅仅会影响整个企业的发展进程，还会影响到周边的环境，导致水污染和环境污染。我国化工行业的发展进程中，水污染治理存在着较多问题，导致问题的原因主要有废水治理制度的不完善以及环保部门监管的不到位，包括监管能力较弱，监管部门人员的专业技能不足，监控系统不完善等。

（2）资源浪费严重

部分企业在达标情况下，放任副产品中的盐类进入尾水中排放，给辖区污水处理厂的日常废水处理带来难度。不少化工企业生产的副产物中的酸、碱难以实现资源互助，只能各自中和后排放，地方环保部门也未重视“以废治废”平台的建设，加之过于严苛的行政管理规定阻断了企业之间的副产物资源的调配与合作，导致一些废水中可利用的有机物和副产品大量流失，既浪费了原材料，也增大了废水处理的难度。

（3）对有害特征污染物监控不到位

不少化工企业本身安装了在线监测仪器，但对特征污染物却缺乏长期有效的监控，日常监控的因子主要是氨氮以及 COD 等，监测点位也仅集中在排水，对进水不够重视。而特征污染物是影响化工企业废水处理质量的重要因素，特征污染物的有效去除会提高 COD 以及氨氮的常规监测因子的去除率。

（4）废水处理工艺不合理

部分化工企业设计工艺时未充分了解水质，工艺过长或部分流程缺失是普遍存在的问题。部分企业在设计废水处理工艺时，未将废水中氨氮纳入考量范畴，设计的厌氧池和好氧池未形成回流通路，无法有效脱氨和脱氮，导致实际操作时废水中氨氮浓度始终超标，只能在尾水中投入菌种单独脱氮，增加了废水处理成本。多数化工园区对于典型污染物的控制缺乏预处理要求，导致园区集中式污水处理厂采用的处理工艺并不适用于多数企业废水的深度净化处理，导致园区废水不能达到排放标准。

（5）环保设施管理不完善

不少化工企业环保设施管理不到位，经常出现运行故障。环保设施管理不完善与一些企业管理者急功近利有着很大的关联。在环保新规实施的背景下，不少企业为了提高废水排放达标率而购买大量的环保设备，但却不重视维护，在维护方面未投入相应的人力、物力，结果导致环保设备经常运行一段时间后就出现故障，增加了化工企业的环保成本。此外，缺乏必要的理论和技术指导也是环保设备发生故障的重要原因。部分企业环保人员自身专业技术水平不高，无法对环保设备的参数进行准确判断，出现异常时由于处理不当而导致设备故障。

江苏环保产业技术研究院股份公司对徐州、宿迁、连云港、泰州、扬州等苏北、苏中城市化工园区污水处理厂进行调研发现，在总体概况方面，苏中、苏北化工园区污水处理厂运行模式主要分为BOT（Build-Operate-Transfer，即建设-经营-转让）模式、PPP（Public-Private Partnership，即公私合营）模式、管委会自营模式等几类。大部分化工园区污水处理厂实际处理水量大于设计处理水量的50%，大部分园区企业执行“一企一管”压力管道输送，但仍有部分企业采用重力自流暗管接管。在环保手续及设计文件方面，大部分化工园区污水处理厂的环评文件、批复和设计文件均较为齐全，均进行了排污申报，但部分化工园区污水处理厂无排污许可证，且未进行排污口论证。半数化工园区污水处理厂存在环境违法记录，均为出水超标，半数化工园区污水处理厂未开展清洁生产审核与验收。在运行现状方面，化工园区污水处理厂基本正常运行，但有个别化工园区污水处理厂采用了中水回用措施。在二次污染控制方面，只有个别化工园区污水处理厂有废气处理措施，大部分化工园区污水处理厂的生化污泥和物化污泥没有分开浓缩且未进行污泥的危废鉴定。在监测情况方面，各化工园区污水处理厂均设置化验室和在线水质监测设施进行手动和在线监测，大部分化工园区污水处理厂委托第三方监测机构监测水质，大部分化工园区污水处理厂未进行特征污染物监测且缺失监督性监测数据，现场采样的结果显示出水基本达标。在管理情况方面，大部分化工园区污水处理厂已编制了风险应急预案并备案，备品、备件和操作规程基本满足要求，半数化工园区污水处理厂未设置事故应急池，未采用双回路供电，大多数化工园区污水处理厂未开展ISO 9000、ISO 14000、OHSAS 18000国际标准贯标和认证工作，未实行标准化管理。

近年来，国家对化工园区污染防治工作愈加重视。2012年，环保部发布《关于加强化工园区环境保护工作的意见》（环发〔2012〕54号），从园区规划、环境准入、设施建设、管理制度、防控体系、组织领导等方面对各省级环保主管部门制定辖区内相关管理工作的实施方案提出指导性意见。文件中明确指出，要实施园区废水集中处理。新建园区应建设集中式污水处理厂及配套管网，确保园内企业排水接管率达100%。废水排入城市废水处理设施的现有园区，必须对废水进行预处理，要达到城市废水处理设施接管要求。园内企业应做到“清污分流、雨污分流”，实现废水分类收集、分质处理，并对废水进行预处理，达到园区污水处理厂接管要求后，方可接入园区污水处理厂进行集中处理。

1.5 化工园区废水处理技术概述

我国进行化工废水研究已经多年,针对不同的污染物,采用不同的废水处理技术。化工废水处理技术按照作用原理可以分为物理法、化学法、物理化学法和生物法。按照处理程度可以分为预处理、二级生化处理和深度处理。

1.5.1 按作用原理分类

1. 物理法

物理法主要包括调节法、过滤法、沉淀法、气浮法等。物理法一般用于去除废水中的悬浮物、漂浮物及部分胶体。该方法具有成本低、设备简单、管理方便、效果稳定等优点。缺点是只能进行初步预处理,对溶于废水中的污染物则需要借助其他方法。

(1)调节法

在化工废水处理中,由于废水在水质和水量上不均衡,为了保证后续处理正常运行,往往需要对水质和水量进行调节,这就是调节法。调节法主要根据日平均流量设置水量调节池。

(2)过滤法

过滤法是通过格栅、筛网及各类过滤设备,降低水中的悬浮物,保护后续处理设施。

(3)沉淀法

废水中许多悬浮物固体的密度比水大,这样悬浮物就会沉降,达到废水中固液分离的目的,这就是沉淀法。在应用时悬浮物固体主要依靠重力沉淀及离心分离。

(4)气浮法

气浮法是指利用高度分散的微小气泡作为载体黏附于废水中的污染物上,使其浮力大于重力和上浮阻力,从而使污染物上浮至水面,形成泡沫,然后用刮渣设备自水面刮除泡沫,实现固液或液液分离的过程。气浮法主要用于分离含油废水中的油类物质或者与混凝法联合使用。

2. 化学法

化学法主要包括电解法、氧化还原法、酸碱中和法、化学沉淀法等。

(1)电解法

电解法是化工废水中比较常用的一种方法。它的作用原理比较简单,即废水中的污染物在电流的作用下,发生化学反应而被除去。具体体现在四个方面:

①氧化作用,除了废水中污染物直接被氧化外,水中的 OH^- 能生成新生态 [O],对水中的污染物进行氧化;

②还原作用,除了阴极板的直接还原作用外,在阴极还有 H^+ 放电产生 [H],它具有很强的还原性,对废水脱色效果好;

③混凝作用,电极板常用铁片或铝板作为阳极,电解后废水中易形成铝离子或者铁离

子，经过水解反应生成铁、铝羟基络合物，这些生成物可将废水中的悬浮物及胶体等杂质去除，起混凝作用；

④浮选作用，废水在进行电解时会产生 H_2、O_2、CO_2 及 N_2 等气体，它们都可以起到气浮的作用。

（2）氧化还原法

氧化还原法主要利用废水中的有毒有害物质通过氧化还原作用能够被氧化或被还原的性质，在废水处理时，使其转化为无毒无害的新物质或者容易与水分离的形态。比较常见的是臭氧氧化法、光化学氧化法、硫酸亚铁还原法、亚硫酸盐还原法等。氧化还原法处理废水时，效果明显，工艺简单，一般没有污泥等附加负担，但是能量消耗多，经济成本高，且对安全性要求高，不适合处理水量大和浓度低的化工废水。

（3）酸碱中和法

酸碱中和法的基本原理是 $H^++OH^-\longrightarrow H_2O$。通过消除废水中过量的酸或碱，使废水达到中性，以免废水腐蚀管道和构筑物，危害农作物和水生生物以及破坏废水生物处理系统的正常运行。如化工园区的化工厂、化纤厂、冶金厂排放的酸性废水加入当地的 $Ca(OH)_2$、$CaCO_3$、Na_2CO_3、NaOH 等废料中和，而印染废水、油类废水、造纸等碱性废水需加入废酸（含 H_2SO_4、HCl）中和。

（4）化学沉淀法

化学沉淀法主要包含氢氧化物沉淀法和硫化物沉淀法。一般用以处理含金属离子、有毒物质的工业废水。其作用机理是加入某种化学物质（沉淀剂）于废水中，它与水中的某些污染物发生反应生成难溶沉淀物，从而使固液分离，去除杂质，净化水质。

3. 物理化学法

物理化学法中比较常用的是混凝法、膜分离法、萃取法、离子交换法、吸附法等。

（1）混凝法

混凝法是让混凝剂与待处理的废水进行充分混合，使废水中非溶解性物质和一些大分子有机物与混凝剂发生絮凝反应，形成矾花后，通过沉淀法或气浮法使悬浮物固体从废水中去除，从而去除废水中的有机物和杂质。混凝法处理废水效果比较明显，出水水质较好，但对溶解性及亲水性物质效果差，而且反应后会产生大量的泥渣，增加了后续处理难度。

（2）膜分离法

膜分离法有微滤法、超滤法、反渗透法、电渗析法等。膜分离法的主要特征是：分离过程没有相变发生，故能量转化的效率较高；反应一般在常温下发生，特别适合热敏性物料（药物、酶）的分级、分离和浓缩；分离效率高，适用范围广；操作简单方便，系统紧凑，易于自动化。

（3）萃取法

萃取法是从化工废水中回收有机物的常用方法。由于废水中的有机物在某些溶剂中的溶解度比在水中的溶解度大，因此化工废水在与溶剂充分接触和混合时，废水中某些相应的有机物就会被萃取转移到溶剂中，从而减少废水中有机污染物的量。例如，煤化工废水中的酚浓度较高，一般利用溶剂萃取法脱除废水中的酚类。该方法操作简单，可以有效地回收酚类。

(4)离子交换法

离子交换法主要通过离子交换去除废水中的有害、有毒离子。离子交换剂的选择是离子交换法的核心,主要受离子交换树脂的选择性、废水水质特征、树脂物化特征等因素的影响。化工废水处理中,离子交换法主要用于回收贵重金属离子,设备简单,操作易控制,但是,目前该方法应用范围不是特别广泛,主要受到离子交换剂品种、性能、成本的制约,同时离子交换剂的再生液及再生处理问题目前也还没有完全解决。

(5)吸附法

吸附法主要用于废水脱色,除臭味,脱去微量污染物、重金属以及各种有机物。吸附法处理化工废水时,具有适应范围广、处理效果好、吸附剂可重复使用等优点,但其对进水水质要求严格,操作麻烦,系统庞大且运行成本较高。

4. 生物法

生物法是一种处理效率高、成本低的废水处理方法,但对进水水质要求比较高,故一般与其他预处理技术联合使用。较常见的生物法是活性污泥法、生物膜法、厌氧生物法等。

(1)活性污泥法

活性污泥法是好氧生物法中的一种,活性污泥由好氧、兼性微生物及它们吸附、代谢的无机物和有机物组成,能够降解去除废水中的有机物,表现出化学活性。活性污泥法系统主要由曝气池、二沉池及污泥回流等组成,净化废水主要通过吸附、代谢及固液分离来完成。

(2)生物膜法

生物膜法是与活性污泥法并列的一类废水好氧生物处理技术,是一种固定膜法,主要去除废水中溶解性的和胶体状的有机污染物。处理技术有生物滤池(普通生物滤池、高负荷生物滤池、塔式生物滤池)、生物转盘、生物接触氧化和生物流化床等。

(3)厌氧生物法

厌氧生物法是废水处理中一项重要的处理技术,特别是对于有机化工废水,效果很明显。主要是通过厌氧微生物在无分子氧作用条件下,利用兼性厌氧菌或者专性厌氧菌将废水中的大分子有机物降解成小分子化合物,进而转化为有机酸(不完全的厌氧生物处理)或者甲烷(完全的厌氧生物处理)的废水处理方法。相对于好氧生化法,它的应用范围广、容积负荷高、营养物质需求少、剩余污泥少、能耗低。但是厌氧出水一般需要进一步处理才能达标排放,而好氧生物法 COD、BOD 去除率高,故两者常常结合使用。

1.5.2 按处理程度分类

1. 预处理

化工废水具有成分复杂、有机物含量高、可生化性差、生物毒性、含盐量高等特点,传统生化方法难以对其进行有效处理,需要采取预处理方法,除去废水中粒径大的悬浮物、油性物质、难降解有机物、重金属以及盐分,提高废水的可生化性和降解难度,还可以回收氨氮和酚类等有价值的物质。

化工废水预处理技术是本书的重点内容之一，将在第4章加以详细介绍。具体包括预处理除油杂技术、预处理解毒技术、预处理去除重金属技术、预处理脱盐技术4个方面。

2. 二级生化处理

二级生化处理主要包括好氧生物处理法、厌氧生物处理法、厌氧-好氧联用法等。生化法利用微生物的新陈代谢作用，分解和转化废水中的污染物，该方法具有经济成本低、设备运行简单等优点。

厌氧-好氧联用法是在好氧活性污泥法处理前，增加一段厌氧生化处理过程，该方法充分利用厌氧微生物和好氧微生物的特点，具有耐冲击负荷、有效提高生物降解性能、适应能力较强等优点。由于化工废水的成分非常复杂，单一的好氧或厌氧生物处理法对有机污染物的去除效果不太好，所以常采用厌氧-好氧联用技术。

3. 深度处理

化工废水中含有很多难降解的有机物，通常经过预处理和生化处理后，仍然有一些生物不能降解的有机物残留在废水中，这些难降解的有机物会使废水出水的COD、色度或者一些主要污染物难以达到排放标准，所以有必要进行深度处理。深度处理是指为保证出水达标排放或者达到回用标准而采取的技术措施。深度处理法通常有吸附法、膜分离法、曝气生物滤池、臭氧氧化法、湿式催化氧化法等。

（1）吸附法

吸附法是利用多孔性吸附剂将废水中的某些污染物质吸附到材料表面从而去除的一种方法。吸附剂具有很大的总比表面积，孔径小且孔隙多，所以具有很强的吸附能力，能够将化工废水中的难降解物质吸附在其表面，使废水得到净化。但是由于吸附剂活性炭再生较难且处理费用高，所以一般情况下用比较经济的粉煤灰或者煤灰渣代替活性炭来处理废水。

（2）膜分离法

膜分离法的主要特征是在物质分离过程没有相变发生，分离效率高，适用范围广，操作简单方便，系统易于自动化。化工废水深度处理中最常用的是双膜法。近几年来，国家对环保要求越来越高，对化工企业外排水的排放标准有了明确规定，要求外排水量进一步减小，甚至要做到接近零排放，提高水的回用率成为当今的研究热点。越来越多的化工企业采用超滤-反渗透双膜法来深度处理废水进行回用，以减小外排水量。但超滤-反渗透双膜法仅能产生40%~50%的回用净水，剩余50%~60%的浓水仍然需要进一步处理以达到外排标准。

（3）曝气生物滤池

曝气生物滤池是集生物氧化和截留悬浮固体于一体的新工艺。该工艺具有去除SS、COD、BOD，硝化，脱氮，除磷，去除AOX（可吸附有机卤化物）的作用。与普通活性污泥法相比，具有有机负荷高、占地面积小（是普通活性污泥法的1/3）、投资少（节约30%）、不会产生污泥膨胀、氧传输效率高、出水水质好等优点，适宜作为化工废水深度处理工艺。曝气生物滤池在经过一段时间的废水处理后，必须对其进行反冲洗，对拦截的悬浮物进行清理，促进滤料生物膜的更新。

(4)臭氧氧化法

臭氧具有很强的氧化能力。在化工废水中普遍包含着难以生物降解的有机物,利用臭氧的强氧化作用能够有效地对其进行分解,使芳香族化合物的双键断裂、部分氧化或开环,也能够使不饱和有机物部分氧化,还能对环状化合物进行破坏,使废水褪色。但是臭氧氧化具有选择性、不完全矿化的缺陷,可往系统中加入催化剂,使臭氧在催化剂作用下产生强氧化能力的羟基自由基,氧化分解有机污染物,在处理化工废水方面具有高氧化电位、高降解效率、高速率、无二次污染等技术优势。

(5)湿式催化氧化法

湿式催化氧化法是在高温和高压的条件下,加入某种适当的催化剂,经空气氧化将废水中有机污染物氧化降解成 CO_2、H_2O 或者小分子有机物等无害物,以此达到净化水质的目的。湿式催化氧化法常用于高浓度难降解化工废水的深度处理,也可以回收有用物质。该方法具有处理效率高、流程简单、不宜产生二次污染等优点。但它的不足之处是处理成本高,且高温高压对工艺设备要求严格。

第 2 章　化工园区水污染源诊断与评估

由于化工园区引进的工业企业存在不确定性，且不同企业的工业污染源差异很大，不仅水质、水量变化大，而且成分复杂，导致污染源分析难度较大，干扰环境影响预测甚至影响后期具体处理工艺、措施的选择。为了提高园区污染源分析的可信度，也为园区水污染管理和控制提供准确的依据，需要对园区水污染源进行诊断和评估。

随着环境保护事业的日渐深入，工业园区定性管理必然要发展到定量管理。如何反映一个园区各企业排放的废水对环境或者对园区产生的污染和危害，比较科学、合理地衡量各个污染情况，污染源诊断和评估就成了亟待解决的问题。

开展化工园区内企业水污染源诊断，就是定量分析企业各主要工序的特征污染物、污染负荷、清洁生产技术的减排效果等，为行业环境管理控制点位和污染物确定、技术研发方向确定、技术推广应用等相关工作提供重要参考。开展化工园区水污染源评估是对园区水污染源调查中所得到的大量数据进行处理，定量反映不同源头废水的污染负荷，按其对环境质量影响的大小来确定各行业、各企业的主要污染物和主要污染源，为改善化工园区水环境质量提供理论依据和数据支持。

2.1　废水量的估算

2.1.1　规划估算法

园区规划用地一般包括工业、居住、公共设施、道路广场、绿化等用地，规划建设部门一般是根据《城市给水工程规划规范》（GB 50282—2016）中的不同用地类型和用水量指标，结合开发区中不同类型地块所占比例及排水系数，估算出排水量。该方法是规划部门常用方法之一，由于其侧重于考虑给水管网工程设计，得出的用水量往往偏大，适用于园区项目尚未能明确的开发区。

2.1.2　经验估算法

根据生产过程中产生的污染物总量与产品产量，求得污染物排放系数的方法称为经验估算法。排放系数是指在正常技术经济和管理等条件下，通过实测或物料衡算或调查所得的单位产品排放的废水量，它与产品生产工艺、原材料、规模、设备技术水平及污染控制措施有关。如果园区有完整的拟引进的工业企业类型和规模、人口规模等指标，可采用此法估算工业、生活的排水量。该方法适用于拟引进的企业种类、产品规模比较明确的开发区，此法计算难度较大，有时缺少行业污染源排放系数，无法计算，但数据可信度高，而且与清洁生产的要求紧密结合。

2.2 水污染源评价方法

评价工业污染源的方法主要有等标污染负荷法、排污量法、污径比法、超标法、层次分析法、影响系数法、排毒系数法、潜在污染能力指数法和环境影响潜在指数法等。其中，等标污染负荷法是评价工业污染源最常用的方法。

1. 等标污染负荷法

等标污染负荷法是全国工业污染源调查指定的评价方法，已广泛应用于工业污染源的评价中。等标污染负荷法的基本原理是：将污染物排放浓度或总量进行标准化处理，将其转化为同一尺度上可以相互比较的量，按其值的大小排列，以确定主要污染物、主要污染源、重点污染行业、重点污染区域的总污染负荷等。

等标污染负荷法是目前对污染源评价最普遍的方法，它综合考虑了排废水量、污染物的实测浓度和污染物排放标准，可反映某污染物对某污染源的等标污染负荷，也可反映某污染物在某区域内的等标污染负荷。

某污染物的等标污染负荷定义为“污染物绝对排放量与排放标准的比值”，其数学表达式为：

$$P_{jk}=\frac{C_{jk}}{C_{Ok}}Q_{jk}$$

式中 P_{jk}——第 j 个污染源排放的污染物 k 的等标污染负荷（m^3/t）；

C_{jk}——第 j 个污染源排放的污染物 k 的实测浓度（mg/L）；

C_{Ok}——第 j 个污染源排放的污染物 k 的排放标准限值（mg/L）；

Q_{jk}——第 j 个污染源排放的污染物 k 的总量（m^3/t）。

若第 j 个污染源中有 n 种污染物参与评价，则该污染源的总等标污染负荷为：

$$P_{nj}=\sum_{k=1}^{n}P_{jk}=\sum_{k=1}^{n}\frac{C_{jk}}{C_{Ok}}Q_{jk}$$

若评价区域内有 m 个污染源含有第 k 种污染物，则第 k 种污染物在评价区域内的总等标污染负荷为：

$$P_{mj}=\sum_{k=1}^{m}P_{jk}=\sum_{k=1}^{m}\frac{C_{jk}}{C_{Ok}}Q_{jk}$$

单纯的等标污染负荷数值难以直观地比较不同分区、行业或污染物对研究区的污染贡献，这时需要进一步计算等标污染负荷比。

第 n 个污染源的等标污染负荷比为：$k_{nk}=p_{nk}/p_{k总}$。k_{nk} 是一个无量纲的数，可以用来确定第 n 个污染源内部各种污染物的排序。k_{nk} 较大者对环境贡献较大，k_{nk} 最大者就是第 n 个污染源中的主要污染物。

综合考虑了排污量排放标准，可以确定一个企业、一个地区和一个流域的主要污染物和主要污染源。

等标污染负荷法经标化计算所得的值有统一量纲，可以累加，可以横向比较，综合性强。主要污染物和主要污染源清楚，可用于综合评价。该法的不足之处是有些产生污染的物质和因素无评价标准，如 pH、色度、氨氮、热量和一些有机有毒物等。对于一个排放废水较多的企业来说，等标污染负荷总是比较大的，总被认为是污染大户；对于一个排放废水较少的企业来说，即使废水中污染物超标严重，由于等标污染负荷较少，可以躲避治理的责任，不利于总环境管理目标的实现。

2. 排污量法

采用排污量法进行水污染源评价，主要针对废水排放量或污染物总量而言，简单地统计各污染源的排污量后，以最大排污量居首，由大到小依次排列，则可反映出主要污染物和主要污染源。用下式表示：

$$G_i = C_i \times Q_i \times 10^{-6}$$

式中　G_i——废水中第 i 种污染物折纯排放总量（t / a）；

C_i——第 i 种污染物实测平均浓度（mg/L）；

Q_i——废水排放总量（t / a）。

若园区有 n 个污染源，则污染源中第 i 种污染物总量 G 表示为：

$$G = \sum_{i=1}^{n} G_i = \sum_{i=1}^{n} C_i \times Q_i \times 10^{-6}$$

排污量法的特点为：能反映企业排放污染物的数量，能与原材料消耗和环境容量相联系，简易可行，直观，便于环境管理人员操作。

不足之处是：由于各污染物对环境影响不同，排放总量不能累加，不能比较和综合评价各个企业对环境的污染程度，仅仅考虑了污染源本身的情况，不能反映其对水体环境的影响。

3. 污径比法

通过污染源废水排放量与纳废水体径流量之比来确定水体可能受到污染的程度。一般认为废水量与水体径流量之比为 1∶10~1∶30 时，水体有较好的稀释自净容量，所以可用此法粗略地评价各污染源对水体产生的污染程度。污径比 r 为稀释比 α 的倒数，一般它是小于 1 的系数。污径比小，水质好；污径比大，水质差。

污径比法简单，易于比较，污染源与水体环境有粗浅的联系，但是，未考虑水体本底浓度，不能反映污染源排放浓度对水体、环境的影响。

4. 超标法

超标法依据《污水综合排放标准》（GB 8978—1996），以各类污染源排放的污染物浓度及单位产品的最高允许排水量作为考核指标，来评价各污染源的污染物超标情况，并由此判定出主要污染源和主要污染物。用下式表示：

$$G_i = \frac{C_i - S_i}{S_i} \times Q \times r$$

$$G=\sum_{i=1}^{n}G_i$$

式中 G_i——超标的污染物方差值(t/a);

C_i——i 超标物超标次数的平均浓度(mg/L);

S_i——i 污染物的国家或地方排放标准值(mg/L);

Q——某排放口排放水量(t/a);

r ——超标率(监测中超标次数/检测总次数);

G——总污染物方差值,各种超标污染物方差量的总和(t/a)。

某园区包含 m 个企业,假设每个企业有一个排放口,每个排放口可分别计算,累计相加。各污染物目前排放达到或低于国家和地方的排放标准,作为管理的“终点”。

超标法中污染量的意义是用来衡量对环境污染的程度。同一个厂的不同污染物、不同排放口的污染物方差值可以相加,污染物方差值越大,对环境污染程度越大,反之污染程度越小。如某企业污染物方差值为零,说明该企业排放的废水中所有污染物均已达到或低于国家和地方的排放标准。

超标法有很多优点,如依据排污标准,可用于判断污染源的排放是否达标以及管理人员操作方便等。但是也存在一些不足,若实行行业标准和分水域排放标准,该方法就有所欠缺了。该法目前多用于污染源综合评价,环境保护统计、考核、超标排污收费等方面。

5. 影响系数法

近年来,在研究水体环境容量和污染物总量控制的基础上,人们提出了一种较科学、合理的污染源评价方法——影响系数法。此法把污染源的排放量与排放浓度乘以影响系数,研究不同废水排放量与浓度对水体某一控制断面的水质影响。从理论角度讲,影响系数法反映单位水量(包括河流流量和废水流量)内河流的稀释自净容量;从实用角度讲,则反映各污染源在水体某一控制断面对水质影响的比例关系。影响系数法建立的输入响应模型用下式表示:

$$\frac{\mathrm{d}L}{\mathrm{d}t}=-k_1t$$

该模型是最常见的有机物在河流中的一阶降解方程,此方程的解为:$L=L_0\mathrm{e}^{k_1t}$(L 为水质浓度,k_1 为降解系数,L_0 为初始浓度,t 为流程时间)。

假如一条河流有多个污染物源输入,上述方程将变为:

$$L_i=\sum_{j=1}^{1}b_{ij}\ M_J$$

式中 L_i——第 i 个断面水质浓度(mg/L);

$\sum_{j=1}^{i}M_J$——自 $j=1$ 到 $j=i$ 断面,外界输入变量总和(mg/L · m³/s);

$\sum_{j=1}^{i}b_{ij}$——自 j 点输入的单位值,在 i 点引起的变量响应值,即影响系数(1/m³/S)。具体表达式为:

$$M_j = q_k C_k$$

$$b_{ij} = \frac{1}{Q_0 + \sum_{k=1}^{i} q_k} \mathrm{e} - \sum_{j=1}^{i-1} k_{ij} t_j \quad (j \leqslant i-1)$$

$$b_{ij} = \frac{1}{Q_0 + \sum_{k=1}^{i} q_k} \quad (j > i-1)$$

式中　Q_0——上游河水水量（m^3/s）；

q_k ——j 点输入污染源流量（m^3/s）；

C_k——j 点输入污染物浓度（mg/L）；

k_{ij}——$j=1$ 到 $j=i-1$ 河段降解系数（1/d）；

t_j——$j=1$ 到 $j=i-1$ 河段流程时间（d）。

影响系数法的优点是考虑了污染物排放总量、水体实用功能与水环境容量，建立了污染源与环境目标的输入相应模型。缺点就是计算比较复杂。

2.3　化工废水水质特性研究

化工园区内化工企业类型繁多，化工废水成分复杂，对化工废水水质特征的研究显得尤为重要。

具体研究方法是定期对各污染源废水进行常规项目、生物毒性、好氧速率（OUR）和特征污染物的检测，对水质特性进行研究，选择合适的评价标准，一般多采用等标污染负荷法作为统一比较的尺度，对各污染源和污染物的污染强度大小进行比较，对污染源污染强弱进行定位，以评价不同污染源的危害程度，确定主要污染源和主要污染物，为废水分类收集和预处理提供数据支持。

2.3.1　常规检测

常规检测指对重点污染源的排放废水进行常规标准项目的检测，对得到的数据进行分析归纳，得出污染废水的水质特性。常规检测主要项目为：重金属、COD_{Cr}、BOD_5、NH_3-N、TP、TN、TSS，还包括 pH、电导率、溶解氧、全盐、石油类、氯化物等。常规检测项目的分析方法参照由国家环境保护总局与《水和废水监测分析方法》编委会共同编写的图书《水和废水监测分析方法（第四版）》。

1. 检测方法

表 2-1 列出了常规项目的检测方法。

表 2-1 常规检测技术方法

序号	检测项目	测定方法	方法来源
1	COD_{Cr}	重铬酸钾法	《水质 化学需氧量的测定 重铬酸盐法》（HJ 828—2017）
2	BOD_5	稀释与接种法	《水质 五日生化需氧量（BOD_5）的测定 稀释与接种法》（HJ 505—2009）
3	TN	碱性过硫酸钾消解紫外分光光度法	《水质 总氮的测定 碱性过硫酸钾消解紫外分光光度法》（HJ 636—2012）
4	NH_3-N	蒸馏—中和滴定法	《水质 氨氮的测定蒸馏—中和滴定法》（HJ 537—2009）
5	TP	钼酸铵分光光度法	《水质 总磷的测定》（GB/T 11893—1989）
6	全盐	重量法	《水质 全盐量的测定 重量法》（HJ/T 51—1999）
7	石油类	红外分光光度法	《水质 石油类和动植物油类的测定 红外分光光度法》（HJ 637—2018）
8	氯化物	硝酸银滴定法	《水和废水监测分析方法（第四版）》
9	悬浮物	重量法	《水质 悬浮物的测定 重量法》（GB/T 11901—1989）
10	pH	电极法	《水质 pH 值的测定 电极法》（HJ 1147—2020）
11	电导率	便携式电导率仪法	《水和废水监测分析方法（第四版）》
12	溶解氧	碘量法	《水和废水监测分析方法（第四版）》
13	重金属	原子吸收法	《水和废水监测分析方法（第四版）》

2. 检测需要的材料

检测过程需要的仪器设备和材料主要包括 pH 计、电导率仪、溶氧仪、紫外分光光度计、原子吸收分光光度计、烘箱、抽滤装置、称量瓶、回流装置、加热装置、酸式滴定管、高压蒸汽锅、具塞刻度管等。

3. 常规检测结果分析

（1）重金属及有毒有害有机物

对化工园区而言，重金属及有毒有害有机物是首要的控制对象，对污染源中的重金属和有毒有害有机物需要进行强度分析及排序。园区内企业一般在车间内对废水进行预处理，去除了大部分重金属和有毒有害有机物，对于含量偏高的重点污染物，通过以下方法进行溯源和监管。

①在化工园区内进行企业普查，调查各污染源的废水排放量，并对其中的有机毒物排放浓度进行监测，最终得到该区域内有机毒物排放量数据库。

②对该区域主要水体，特别是接受废水排放的水体进行系统的监测，在土壤和地下水有可能受到污染的地区监测土壤和地下水。利用单因子指数法对监测结果进行评价，最终得到该区域有机毒物环境质量数据库。

③根据园区情况，选择相关的影响因子，根据该化工园区的统计资料和实测结果，同时参阅有关理化性质参数、环境影响因素和危害影响参数资料库的毒性数据等综合因素，进行

分析并科学地给出标准分值，以叠加求和方式计算，求得综合效应结果和“三致”毒性增加权重，利用上述评分计算方法，将各有机毒物按计算出的分值大小进行排序，从而判定该园区应优先控制的有机毒物。

④根据各个污染源有机物排放情况，对优先控制有机物进行有效的监控和监管。

（2）含盐量

含盐量可采用等标污染负荷法进行分析和分类。以某化工园区为例，11 家重点企业排放废水中含盐量和计算结果见表 2-2。

表 2-2　某化工园区企业含盐量计算结果

企业编号	含盐量（%）	水量（m^3/d）	参数取值		xP_i
			C_1/C_k	$Q_1/Q_{总}$	
1	1.84~4.3	144	5~12	0.017	0.052~0.204
2	0.09	565	0.57	—	—
3	0.12	503	0.34	—	0.02
4	0.20	971	0.57	—	0.06
5	0.16	247	0.46	—	0.013
6	0.12	141	0.34	—	0.005
7	0.09	12	0.25	—	—
8	0.67	523	1.9	0.06	0.17
9	0.38	8 600	—	—	—
10	0.07	20	0.2		
11	0.23	366	0.65		

通过表 2-2 可知，xP_i 实际上是污染源废水对总水量盐度贡献的百分数。xP_i 最大的是企业 1 的废水，数值为 0.052~0.204，盐度贡献百分数为 5.2%~20.4%。xP_i 较高的是企业 8 的废水，数值为 0.17，盐度贡献百分数为 17%。污染源含盐量排序为：企业 1> 企业 8> 其他企业（$C_1/C_i<1$，含盐量小于总排口）。如果将企业 1 和企业 8 的废水单独收集，总含盐量将下降接近 37%。对高含盐废水的分类收集与预处理将对化工园区二次水回用和节水减排具有重要的意义。

2.3.2　生物毒性检测

生物毒性检测方法主要包括亚急性毒性实验、急性毒性实验、慢性毒性实验，以及生物致癌、致畸、致突变实验等。急性毒性实验可探明污染物与机体接触后短时间内所引起的伤害作用，找出有毒污染物的作用途径、剂量与效应的关系，可以对环境污染提前做出警示，应用最广泛。急性毒性实验主要有鱼类毒性实验、蚤类毒性实验、藻类毒性实验、发光细菌毒性实验、生物传感器和小麦发芽率检测等。表 2-3 比较了几种急性毒性实验方法。

表 2-3 主要急性毒性实验方法对比

方法	优点	缺点
鱼类毒性实验	对水环境的变化敏感	实验周期长,需大量实验材料,多次重复实验
蚤类毒性实验	水蚤分布广泛,繁殖能力强,对多种有毒物敏感	检测时间长
藻类毒性实验	藻类是初级生产者,个体小,繁殖快,对毒物敏感,易于分离	工作量大,测定周期长
发光细菌毒性实验	快速,简便,经济	发光自然变化幅度较宽,重现性不佳
生物传感器	检测时间短,易于连续在线监测	需合适的生物识别元件,延长传感器的使用寿命

虽然蚤类、藻类和鱼类等水生生物可作为生物毒性检验样本,但是,由于它们检验时间长、检验费用高,所以不宜用作日常常规检验手段。另外,目前生物传感器技术尚未成熟,在实际应用中也还没有形成规模化。

发光细菌毒性实验参考《水质 急性毒性的测定 发光细菌法》(GB/T 15441—1995)。以废水 10% 稀释液对发光菌发光强度的相对抑制率(%)作为对比标准,结合 50% 发光抑制时的稀释倍数作为结果评价依据。发光细菌毒性实验能避开其他方法的一些不足,而且操作简单、灵敏度高、成本低、易推广,因此,在城市废水和工业园区废水处理领域被广泛采用。

化工废水中除常规的有机物外,还含大量的苯系、酯类、酸酐、腈类、酮类等生物毒性较大的难降解污染物;除此之外,废水 pH 值变化范围比较大,腐蚀性较强,有的废水呈强酸性,有的呈强碱性,对微生物生理生化特性影响比较大,针对不同类型的化工废水应有针对性地采取不同的生物毒性检测方法。

以国内某化工园区为例,对其企业排放废水进行生物毒性实验,对发光菌实验 EC50 和小麦发芽和根长实验 EC50 进行分析,如表 2-4 所示。

通过生物毒性检测数值和计算可知,不同生物检测技术之间表示的毒性结果有一定的不同,废水的真实情况要与物化检测和水质特性一起考虑。如企业 F 排放的是高果糖废水,由于某种原因,在生物毒性检测中 P_i 值较高,其毒性是由高浓度果糖引起的,高浓度果糖形成高渗溶液抑制了生物生长。企业 F 产品和原材料生产的实际毒性较小,可作为轻度毒性污染源处理。

由发光菌实验检测数值和 P_i 计算结果可知,废水毒性排序为:企业 E > 企业 D > 企业 B > 企业 A > 企业 C。由小麦发芽和根长实验检测数值和 P_i 计算结果可知,废水毒性排序为:企业 C > 企业 E > 企业 D > 企业 B > 企业 A。重点有机污染源中可重点锁定企业 E、企业 C、企业 B 和企业 A,此四家企业需要加强清洁生产和外排废水的预处理。

表 2-4　工业园区主要污染源 P_k 值汇总

水样编号	水样名称	发光菌实验				小麦发芽和根长实验			
		EC50				EC50			
		数值	水量	P_i	K_i	数值	水量	P_i	K_i
1	企业 A 出水	26.4	144	139	0.03	31	144	164	—
2	企业 B 进水	1.80	565	37.3	0.01	—	565	—	—
3	企业 B 出水	9.39	565	194	0.04	164.3	565	340	
4	企业 C 出水	2.85	971	101	0.02	213.8	971	7 584	—
5	企业 D 进水	19.0	247	172	—	—	247	—	—
6	企业 D 出水	52.5	247	475	0.1	—	247	640	—
7	企业 E 进水	52.8	523	1 012	—	73.41	523	1 408	—
8	企业 E 出水	128.8	523	2 467	0.56	110.0	523	2 110	—
9	废水总排口	27.3	8 600	—	—	186.7	8 600	—	—
10	企业 F 出水	71.4	366	957	0.22	—	366	—	—
11	雨水泵站存水	24.5	—	—	—	—	—	—	—
	$\sum P_i$	416.74	12 751	5 554.3	0.98	779.21	12 246	11 606	416.74

2.3.3　耗氧速率（OUR）测定

OUR 是评价污泥微生物代谢活性的一个重要指标，且检测分析简便、快捷。通过 OUR 值的变化可以判断废水水质中是否含有有毒、有害物质，以及有毒、有害物质对微生物有机负荷率（OLR）的抑制程度。

通过 OUR 测定，可将化工园区企业来水分为有毒废水、无毒难降解废水和可生化废水三种类型，用 OUR 来判断进入园区的废水是否能够对园区污水厂污泥产生冲击，以及是否对园区污水厂污泥产生毒害作用，建立一种新的化工废水毒性与可生化性的评价分类方法，此方法相比传统的检测 B/C 值来判定可生化性，具有快捷、准确、更为科学的优点，而且 OUR 不随进水污染物浓度、温度的改变而变化，这为水质的分类提供了更加准确的标准。

OUR 的检测步骤为以下几步。

步骤 1：处置好氧污泥，接种污泥取自生活污水厂好氧池的污泥，污泥取回后用去离子水冲洗，离心，倒去上清液，重复操作 3 次。取少量洗过的污泥称重、干燥，算出试验所需的污泥量（湿重）。配制浓度为 4 g/L ± 0.4 g/L 的活性污泥混合悬浮液。污泥先用合成废水进行培养，在每升上述活性污泥中加入 50 mL 合成废水，在 20 ℃ ± 2 ℃下曝气培养，使用前测定 pH 值，必要时用碳酸氢钠溶液调节 pH 值至 6.0~8.0，并测定混合液中悬浮物含量。

合成废水的配制方法为：10 g/L 蛋白胨、5 g/L 牛肉膏、3 g/L 尿素、0.7 g/L NaCl、0.2 g/L

$CaCL_2 \cdot 2H_2O$、0.2 g/L $MgSO_4 \cdot 2H_2O$、0.5 g K_2HPO_4、0.5 g KH_2PO_4。

步骤 2:污泥耗氧量的测定,利用步骤 1 所得到的污泥、待测化工废水、活性污泥呼吸测定仪测定氧气消耗量,绘制耗氧量曲线。

步骤 3:步骤 2 中反应初始 pH 值调至 7.5,在标准大气压和标况温度 20 ℃下测定,利用步骤 1 驯化并反复清洗后的污泥和待测废水将反应污泥浓度调至 4 mg/L。

步骤 4:步骤 3 的反应时间选定为 18 min,相对耗氧量作为废水毒性与可生化性程度的评判标准。

步骤 5:生化呼吸耗氧量与内源呼吸耗氧量的比值为 STOD,根据步骤 4 的反应过程计算相对耗氧量(STOD),采用相对耗氧量评价工业废水的可生化性与毒性程度:若待测水样 STOD>1,说明废水中基质没有毒性而且可生化, STOD 值越大可生化性越好;若待测水样 STOD=1,说明废水中基质没有毒性但不可生化;若待测水样 STOD<1,说明废水中基质有毒且不可生化,STOD 值越小废水毒性越强。

2.3.4　特征污染物检测

(1)痕量检测方法

通过表 2-5 中不同痕量检测方法的范围和优缺点,选择废水痕量检测的方法。其中利用 GC-MS 检测分析环境中痕量毒性有机物,持久性有机污染物(POPs),致畸、致突变、致癌的有机物多环芳烃(PAHs)等。各种痕量检测技术方法见表 2-5。

表 2-5　痕量检测方法

检测方法	检测范围	优缺点
气相色谱法	对有机物进行定性和定量分析;只要在气相色谱仪允许的条件下可以汽化而不分解的物质,都可以用气相色谱法测定。对部分热不稳定物质,或难以汽化的物质,通过化学衍生化的方法,仍可用气相色谱法分析。在石油化工、医药卫生、环境监测、生物化学等领域都得到了广泛的应用	优点:①分离效率高,分析速度快;②样品用量少和检测灵敏度高;③选择性好;④应用范围广。 缺点:不能分析在柱工作温度下不汽化的组分,如各种离子状态的化合物和许多高分子化合物;不能分析在高温下不稳定的化合物,如蛋白质等
液相色谱法	70% 以上的有机化合物可用液相色谱分析,特别是对高沸点、大分子、强极性、热稳定性差的化合物的分离分析。被广泛应用到生物化学、食品分析、医药研究、环境分析、无机分析等各种领域	优点:①分离效率高,选择性好,灵敏度高,自动化程度高;②与气相色谱法相比,不受试样的挥发性和热稳定性的限制,应用范围广;③流动相种类多,可通过流动相的优化达到高的分离效率;④一般在室温下分析即可,不需高柱温。 缺点:分析成本高,仪器价格及日常维护费用较高,分析时间一般比气相长

续表

检测方法	检测范围	优缺点
GC-MS	GC-MS 被广泛应用于复杂组分的分离与鉴定，具有 GC 的高分辨率和质谱的高灵敏度，适合于低分子化合物（相对分子质量 <1 000）分析，尤其适合于挥发性成分的分析。在药物的生产、质量控制和研究中有广泛的应用，特别在中药挥发性成分的鉴定、食品和中药中农药残留量的测定、体育竞赛中兴奋剂等违禁药品的检测以及环境监测等方面	优点：①定性能力强，GC-MS 的定性指标有分子离子、功能团离子、离子峰强比、同位素离子峰、离子反应的母子离子质量数以及总离子流色谱峰、选择离子色谱峰和选择反应色谱峰所对应的保留时间窗；②分离尚未分离的色谱峰，用提取离子色谱、选择离子监测法和选择反应监测法，可分离总离子流色谱图上尚未分离或被化学噪声掩盖的色谱峰；③提高定量分析精度，可用同位素稀释和内标技术提高定量精度和定性能力。 缺点：分析对象限于在 300 ℃左右及以下可以汽化并且能离子化的样品；在加热过程中易分解的、极性太强的化合物，如有机酸类等，则需要进行酯化衍生处理才可进行 GC-MS 分析

（2）化工废水的痕量检测

通常情况下，化工园区废水中有机污染物根据其种类和降解难易程度分为五大类，详见表 2-6。

表 2-6　化工园区废水中有机污染物分类

污染物类型	主要污染物种类	污染物组成	处理效果
第一类污染物	脂肪烃化合物	不含苯环的芳香烃	100%
第二类污染物	苯、甲苯、二甲苯	单环类芳烃化合物	95%~100%
第三类污染物	硝基苯、硝基酚、硝基甲苯、硝基苯甲酸盐类	硝基取代芳香族化合物	80%
第四类污染物	氯苯、氯酚、氯代苯氧酸、氯萘、氯联苯（PCBs）	卤代硝基取代芳香族化合物	20%
第五类污染物	PAHs（萘、蒽、菲、苯并 [a] 芘等）	多环芳香烃类化合物、多卤代基苯环杂链	不能降解

第一类是脂肪烃化合物，该类物质毒性相对来说较小，容易降解。

第二类是单环类芳烃化合物，主要有苯、甲苯、二甲苯等，来源于石油冶炼、农药生产、印染化工等行业。苯系化合物通过其在生物体内的代谢产物产生危害作用，如产生氧化自由基、与 DNA 形成 DNA 加合物，破坏造血系统和免疫系统等。

第三类是硝基取代芳香族化合物，如硝基苯、硝基酚、硝基甲苯、硝基苯甲酸盐及多硝基芳香类等，是工业上的一类重要硝基化合物，来源于生产农药、染料、炸药、医药、多聚体及其他化工产品的企业。硝基取代芳香族化合物毒性很大，有致癌、致畸、致突变等作用，对人类健康造成威胁。

第四类是卤代硝基取代芳香族化合物，其中一类主要的化合物是氯代芳烃化合物。氯代芳烃化合物从结构上说是指芳香烃及其衍生物中一个或几个氢原子被氯原子取代之后的产物，可分为氯苯、氯酚、氯代苯氧酸、氯萘、氯联苯（PCBs）等几大类，它们来源于农药产品，是一类污染面广、毒性较大、不易降解的化合物。在美国国家环境保护局（EPA）所列 129 种优先污染物中占 25 种之多，这些物质大多具有“三致”作用。氯代苯类化合物广泛存在于染料、油漆、溶剂、熏蒸剂和农药中，此类化合物可损害人体肝脏、肾脏，抑制神经中枢。

第五类是多环芳香烃类化合物（PAHs）和多卤代基苯环杂链。常见的 PAHs 有萘、蒽、菲、苯并[a]芘等，它们的理化性质各不相同，可以以不同的方式进入水体。由于 PAHs 化合物在水中的溶解度很小，因此它们在自然地表水体中的浓度也较低。但是，由于这类化合物极易在生物体内累积，并通过生物富集效应危害人体及其他生物健康，其危害不容忽视。研究表明，很多 PAHs 类物质具有类似激素样的效应，导致生物的内分泌紊乱，因此它们又被称为环境激素。

对某典型化工园区进出水进行连续 GC-MS 检测，对主要检出的特征污染物进行定性分析后发现，检出物中 50% 以上的化合物带有 N、P、S、Cl、F、Br 等元素，分子中含六个以下 C 原子的有机化合物中 90% 为卤代化合物，具有毒性。90% 的化合物的分子中都具有 O—O 键、C—O—C 键，结构稳定难于降解。GC-MS 检出的其他有机物污染物的相对百分含量均不超过 2%。

（3）污染强度分析

通过园区污染源调查和废水水质特征分析，根据毒性可将废水分为无机重金属废水、有机氯代及苯系有毒废水、高含盐废水等。应用等标污染负荷法，设无机重金属废水为 P_z，毒性有机物废水为 P_y，高含盐废水为 P_w。根据重点污染源排序为 $P_{z1}>P_{z2}>\cdots>P_{y1}>P_{y2}>\cdots>P_{w1}>P_{w2}>\cdots$。重金属是我国第一类污染物，是重点污染源中首先要控制的污染源。毒性有机物废水中含有我国优先控制的污染物，也是园区中较为重点控制的污染源。虽然高盐废水没有有毒物质，盐浓度也不是排放标准中必须检测的指标，但是高盐负荷冲击影响废水处理系统稳定运行和园区废水的达标排放。

第3章　化工园区废水分类收集与输送系统

化工园区是化工企业集聚发展的区域，通过化工园区的建设，将原本分散布局的化工企业集中，使得环境保护一体化得以实现，其中废水处理一体化是环境保护一体化体系的重要组成部分。近些年，废水处理一体化理念在化工园区规划与建设中得到了较好的贯彻，成为化工园区废水处理的主流模式。但是，废水处理一体化体系在实际建设与运行中也逐步暴露出一些问题，如配套污水管网建设进度慢、废水稀释排放、废水处理设施虚假运行、外排尾水不达标、三级防控体系不健全等，水环境风险隐患突出。究其原因主要有如下三点。一是化工企业废水产生环节多，水质变化大，成分复杂，具有高COD、高氨氮、高盐分、高毒性、难降解等特点，导致园区废水处理工艺比较复杂，与城镇废水有着明显的不同，废水处理尤其是深度处理不能照搬城镇污水处理厂工艺。二是化工废水排放不仅要常规污染物指标达标，特征污染物指标达标要求也被逐步提上了日程。废水综合排放标准和农药、医药行业排放标准等国家标准已经包含了不少特征污染物指标。对于现行排放标准中未包含的特征污染物，一些地方环保部门对此提出了明确要求，如江苏省要求废水处理站对特征污染物的去除率必须超过90%。三是化工企业清下水（包含雨水）的排放标准也很严。江苏省要求清下水COD排放标准小于40 mg/L，均严于《污水综合排放标准》（GB 8978—1996）中COD小于100 mg/L和《化学工业水污染物排放标准》（DB 32/939—2020）中COD小于50 mg/L的要求。

面对当前问题，化工园区一套废水处理工艺很难完全适应所有的企业外排废水，多套工艺又增加园区废水处理的成本，导致废水收集与处理环节脱节，废水处理方式、方法不合理，废水排放未得到有效监管。要确保废水和清下水稳定达标排放，需要在园区层面将废水从产生到最终排放的全过程作为一个整体进行统筹考虑，充分认识各工段的特点，加强各工段间的衔接。化工园区废水分类收集与输送系统就是从园区整体考虑，综合考虑废水分类收集、分质处理、回用、输送、应急、监管等内容，建立园区化工工艺废水的分类收集模式和稳定的废水处理系统，对园区废水进行高效处理与综合利用。

3.1　化工园区废水处理模式现状分析

国外发达国家在二战结束后就兴起了化工产业带的建设，促进了战后经济恢复和腾飞。发达国家建立化工园区已有几十年历史，园区大多具有优越的地理位置、便利的交通运输设施和完善的园区基础设施等硬件优势。例如美国休斯敦化工产业园区、比利时安特卫普化工园区和新加坡裕廊化工园区都具有这些特点。

国外化工园区废水处理模式有两种。一类是比较早期的园区废水处理模式，该类化工园区没有统一的废水收集和处理系统，入园的每个企业都有一个排放口，企业将生活和生产废水混合，达标处理后直接排放。如比利时的安特卫普化工园区就采用了这种模式。另一类是大多数化工园区采用的模式,部分企业如炼化企业废水自行处理达标后排海;部分企业自行处理达到纳管标准后排入园区污水管网;其他企业含有难降解污染物和高盐的废水则以点对点的方式从各自独立的地上管线将废水送入园区污水处理厂处理后达标排放。如新加坡的裕廊化工园区就采用的这种模式。

我国化工园区建设相对较晚，20 世纪 90 年代以来,我国在沿海、沿江和产业优势地带建成了一批竞争力强、产业特色鲜明的化工园区。近 30 年来,我国化工园区建设蓬勃发展,全国有 500 余家较大的化工园区。据统计,我国经省级以上人民政府批准设立的石油和化学工业园区有 60 多个。随着化学工业的快速发展,化工园区的建设规模和管理水平不断提升,成为我国经济发展中的一大亮点,出现了一批具有世界级规模的化工园区,例如上海化学工业区、南京化学工业园区、宁波化学工业园区等。

随着化工园区的开发数量不断增加和规模不断扩大,如何控制其对环境所造成的影响是当前关注的重点,化工园区的废水治理就是其中一个重要的组成部分。因此,根据化工园区的发展规划,确定废水处理模式对于化工园区废水治理发展循环经济和园区的环境管理具有重大意义。

1. 废水处理模式

国内化工园区发展过程中,结合自身产业特点及地域特点,在废水处理一体化模式上进行了有益的探索,发展出了不同的废水处理模式,其中比较典型的有单独处理集中排放模式、全权代理模式、完全混合排放模式和污污分流的废水排放模式四种。

(1)单独处理集中排放模式

该模式是最早期的园区废水处理模式,就是化工园区企业各自建设废水处理设施,园区不再建设单独的污水处理厂,每个企业有自己的废水排放口,将各自废水处理达标后汇集至园区总排放口达标排放。尽管这种模式达到了分散事故危险和责任分担的目的,但是存在着如下缺点:首先,每个企业不论大小都要建设废水处理设施,浪费占地面积,增加投资费用,同时每个设施需要运行,造成了人力、物力和资源的多重浪费,增加了企业负担;其次,每个企业一个排口,造成环保系统监管难度加大,增加偷排、漏排概率,也不利于专业化运行和操作。同时,化工企业废水成分复杂,水质水量变化大,污染浓度高,废水处理工艺相应复杂,废水稳定运行也需要专业人才,企业很难保持废水水质和水量的长期稳定达标。

(2)全权代理模式

该模式是将园区所有企业的废水全部排入园区污水处理厂,各个企业不再设置废水处理设施,这样做的好处是:首先,节约了废水处理设施投资和废水处理需要的人力、物力和土地资源;其次,所有企业只有一个排口,降低了环保监管部门对分散企业监管的难度;最后,园区的污水处理厂统一由专业人员进行管理和运营,保证了废水的达标排放。缺点是:由于各个企业在招商引资的时候没有分门别类,造成企业种类多种多样,废水种类繁多,成分复杂;园区也未设置纳管收水标准,不能有效监控各种废水;个别企业乱排乱放,甚至可能会直接外排失败后的工艺原料,这样会造成园区污水处理厂进水水质和水量难以控制,废水处理工艺很难稳定运行。

（3）完全混合排放模式

该模式设定了各个企业产生的废水进入园区污水厂的纳管标准，废水在厂区内预处理并达到纳管标准后，通过公共污水管道排入园区污水处理厂进行集中处理。园区集中建设污水处理厂及配套的收集管网，操作简便，节约投资和运行成本。本模式适用于产业类型、排放特征类似的企业园区，园区污水处理厂处理工艺能够精准确定，统一管理，统一运行，节约人力、物力成本。假如园区包含有多种行业，存在不同类型难降解污染物和不同盐度的废水，完全混合排放模式处理难度会明显增加，单一的处理工艺不能保证处理废水的稳定达标排放。假如园区设置多种废水处理工艺和深度处理措施，则会造成人力、物力资源的浪费。

（4）污污分流的废水排放模式

该模式设定了各个企业产生的废水进入园区污水厂的纳管标准，可以稳定园区污水处理厂的进水水质，同时划定了各个排污企业和污水处理厂的责任，避免了废水处理出现问题互相推诿责任的局面。对于园区内大型化工企业或者用水大户，可以自行建设废水深度处理工艺及回用系统；产生的废水含盐高但有机污染物少的企业，可以处理达标后直接通过园区排口排放，不再进入园区废水处理系统，以减轻园区污水处理厂的负荷，节约园区污水处理厂的运行和投资成本。污污分流的废水排放模式处理效率和废水回用率较高，但是企业和园区废水连接管道较多，造成投资成本高。

上述四种模式代表了目前国内化工园区废水处理的主流模式，各有利弊，并有各自的适用范围，表3-1列出了四种废水处理模式的对比情况。化工园区规划建设中应结合自身的产业特点及建设条件进行科学选择。

表3-1　废水处理模式对比

模式分类	特征描述	主要特点	存在问题	适用范围
单独处理集中排放模式	企业单独建立废水处理设施，处理达标后废水直接排入园区出水口，直接排放	一企一管，便于监管和分质处理，降低处理难度	每个企业建立一套废水处理设施，占地面积和投资成本增加	适用于水量少、种类繁多、成分复杂的废水企业
全权代理模式	废水通过独立排污管道直接排入园区污水处理厂进行处理	一企一管，便于监管和分质处理，降低处理难度	管线投资大，对管廊等公共设施要求较高	适用于产品类型多样、废水排放复杂、混合处理易造成复合污染的园区
完全混合排放模式	废水在厂区内预处理并达到纳管标准后，通过公共污水管道排入园区污水处理厂进行集中处理	园区集中建设污水处理厂及配套的收集管网，操作简便	易引起复合污染，各个厂区预处理重复投资	适用于产业类型和排放特征类似、混合处理难度未明显增加的园区
污污分流的废水排放模式	部分企业废水预处理后排入公共污水管道，部分企业自建废水处理设施，达标后通过园区公共管道排放	方案灵活，针对性强，便于企业进行废水回用	监管要求较高	适用于排水量大、回用要求比较高的在大型化工项目基础上发展的园区

我国化工园区初期设立的时候,招商引资比较混乱,一个园区里面所包含的化工企业种类繁多,如某化学工业园内主要为染料中间体、农药中间体、医药、生物化工制品等精细化工企业,尽管园区同步建设了污水处理厂,处理园区企业排放的废水,但随着进园企业日益增多,废水情况更加复杂,处理难度大大增加,少数企业环保设施不完善,存在偷排、漏排等环境违法问题,污水处理厂运行不正常,多项特征污染物指标超标,最终被列为挂牌督办单位。该化工园存在的这些环保问题也是全国化工园区存在的共性问题,因此,有必要寻求一套适合化工园区污染控制的关键技术体系,对园区化工废水水质特征进行分析和评估,在此基础上,精准定位园区每一家企业产生的废水,合理地进行废水分类收集和分质处理,有针对性地制定废水处理工艺路线和园区综合废水处理工艺方案,以确保园区废水整体的达标排放。

2. 存在的问题

通过调研发现,目前我国化工园区废水收集、输送与处理存在的问题有以下几点。

(1)管网单一问题

我国大部分化工园区的废水分类收集仅限于清污分流、雨污分流,污水管网单一,不利于开展分类收集、输送、监管和处理。由于化工园区不同企业间水污染源差异大、水量变化大、水质组分复杂,传统单一管路的收集模式限制了园区废水处理的进一步发展和建设。究其原因如下:企业密集,总用水量大部分在万吨以上,不同企业向园区废水排放情况各异,导致总水量波动较大;废水水质组分复杂、水质差异较大,废水中含多种有毒有害物质,园区各个企业间废水的盐浓度相差大,总体混合废水含盐量高。此类废水若不进行必要的分类收集和预处理直接排入园区综合污水处理厂,将增加处理难度,导致污水厂无法稳定运行,影响废水的达标排放。

(2)地埋管网问题

大多数化工企业废水排放采用地下埋管。地埋管道主要存在以下问题。

①易产生二次污染或交叉污染。地埋管基本采用砖砌或水泥管对接,埋地较深,长期堆积大量废水,地埋管易沉降错位导致渗漏渗排,污染地下水和土壤,在污水管网和清下水管网交叉处,清下水容易受到污染。

②不便于日常检查。随着时间的推移和人员的更替,往往难以理清管网走向,出现问题需很长时间去排除,修复也需花费较大精力。有时环保部门检查甚至需要借助暗管探测仪探查。

(3)清下水管网问题

清下水管网存在以下问题:

①清下水不净,许多企业认识不足,罐区雨水、部分生活污水进入清下水系统,导致超标排放;

②车间无截污,跑、冒、滴、漏后随时流入雨水管网,厂区又无初期雨水收集系统导致超标;

③雨水管道与污水管道无空间错位,废水渗漏导致清下水超标;

④原有清水管网为埋地管,深度一般在 0.7 m 左右,排水不畅,长期积存,易发黑发臭。

(4)雨污分流问题

目前工业园区的废水分类收集尽管有雨污分流，但是，化工园区的初期雨水直接外排雨水管道，未经处理的初期雨水直接进入河道，造成园区周边外排河水质超标(地表水指标)、富营养化严重、藻类暴发等现象经常发生。

(5)废水预处理问题

化工废水水质往往因生产工序的不同相差很大，需针对不同的废水采用对应的预处理工艺。如含盐废水需采用膜技术、蒸发等方法去除高盐；有毒废水需采用芬顿氧化、微电解等预处理解毒技术去除有毒有害污染物；重金属含量高的废水需采用化学沉淀、药剂还原等方法去除重金属。但很多企业根本达不到要求，一是由于管网建制不合理无法分类收集；二是废水处理设施仅有生化装置，无预处理装置，分类收集难以实现；三是企业即使具备高浓度或高盐预处理装置，但企业目前普遍只有操作人员，缺乏专业环境管理人员，预处理装置难以发挥应有作用，有的甚至形同虚设，难以进行有效的废水分类收集和预处理，不利于后续园区污水处理厂处理和稳定运行。

对化工园区废水进行分类收集、输送、监管和预处理，针对不同种类的化工废水进行分类收集，对不同的废水提出不同的预处理关键技术，降低高浓度难降解废水的毒性，提高其可生化性，不仅为后续园区污水处理厂高效处理提供保障，而且有利于提高整个园区污染物的控源减排，为化工园区废水深度处理和梯级利用，园区水循环经济模式的建立奠定基础，对大型化工园区可持续发展具有深远意义。但现有相关要求和技术规范操作性不强，如何有效地开展废水分类收集、分质处理和清污分流工作，是摆在众多化工企业面前的一道紧迫而又现实的难题。

3.2　化工园区废水分类收集与输送体系建立

3.2.1　典型化工园区废水分类收集与输送方案

根据我国水资源短缺的国情和化工园区的特点及存在问题，废水梯次使用和回收利用是十分必要的。单一地下管路的收集模式已经不适合园区废水处理的建设和发展，首先要对收集工艺进行改进。由于化工废水排放量大，污染源较为分散，需对排放废水进行统筹考虑做好规划。以分流与集中处理相结合的原则，将相关废水分流和集中收集并网，使废水排放有序化。对企业内部高盐、高毒性有机物的工艺废水进行分类收集预处理，提高二次水源的水质和回用率。化工园区废水分类收集与输送体系就是从园区整体考虑，建立园区化工工艺废水的分类收集模式和稳定的废水处理系统，将园区废水进行资源化利用。

根据化工园区现有排水规划及废水收集方案，同时结合同类工业园区废水收集的实例，取长补短，优化废水收集方案，以适用性、操作性和经济技术可行性为原则，采用分流分质收集的方式，将收集的不同废水进行不同的预处理后，再进行集中处理。

1. 待处理废水种类

(1)生产废水

化工厂会产生多种复杂的污染废水,具体有化工生产中排出的工艺废水、装置排废水、机封冷却水、废气洗涤水、设备及场地冲洗水等。生产废水根据其污染物的种类和性质,又可分为高浓度、高盐分、低浓度和清下水(包含间接冷却水和蒸汽冷凝水)四种。

(2)事故消防废水

当化工装置发生火灾时,往往伴随着工艺物料的泄露,以及物料燃烧后产生的污染物。当用消防水灭火或者降温时,这些污染物必然会进入消防水中,产生事故消防废水。

(3)初期雨水

一般指化工装置污染区前 15 mm 或污染区域 30 mm 的地面径流雨水,由于降雨初期,雨水携带了地面及化工设备上的工艺污染物,所以工艺装置内的初期雨水污染性质等同于生产废水。

(4)生活污水

一般指企业车间及办公楼的生活污水。

2. 分类收集方式

根据化工园区各个企业的产业特点,对园区废水进行分类收集,园区的排水系统划分为生产废水(包括污染雨水)排水系统、生活污水排水系统、污染雨水排水系统、清净废水和清净雨水排水系统,大企业设生产废水专业排水管线,中小企业生产、生活污水可统一排入污水管网。

(1)生产废水排水系统

各入园项目应按雨污分流、清浊分开的原则,分类收集和预处理各种废水,再集中进行综合处理。入园项目所有生产装置应采用清洁生产技术,采用废水处理的新技术和新工艺,促进废水再生回用,减少废水排放,以“一次规划,分阶段开发”为原则,用尽可能少的起步资金,分阶段建设。

在对园区化工废水水质特征分析和评估的基础上,根据其难降解程度、生物毒性和盐度做进一步细分。高浓度废水、高盐分废水和清下水需用管道从设备出口输送到各自的容纳池,互不干扰,管道采用不同颜色加以区分。池体大小以 24 h 的接纳量为宜,同时做好防腐工作。如工艺废水量较小,亦可采用 1 t 桶直接将工艺废水输送到废水处理站,应用等标污染负荷法将污染物类型相似的废水归为一类后,形成废水收集节点,对收集节点中特征废水进行预处理后,通过不同的废水管廊统一进行收集。废水的分类收集与输送系统由收集、中转和输运三个环节组成。根据三大类废水水质特点不同和后续废水去向不同采取不同的收集和预处理技术,完成园区废水的分类收集、输送和预处理。图 3-1 所示为企业源头分类收集示意图。

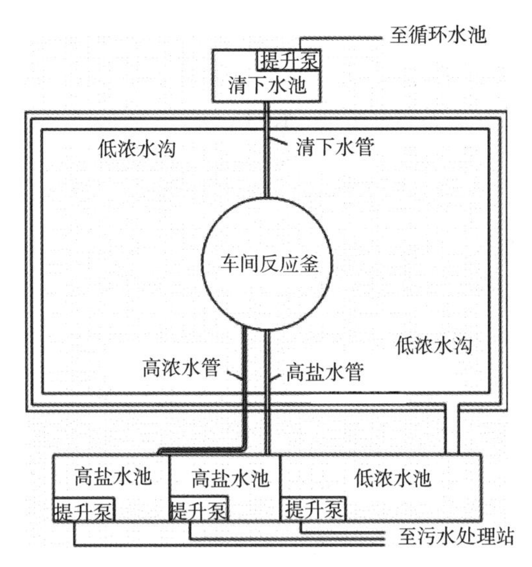

图 3-1　企业源头分类收集示意图

生产废水包括各地块内工艺装置及辅助设施的各种生产废水、低浓度废水池接纳设备、车间清洁水和车间周围的初期雨水，收集池安装液位自动控制泵，便于随时将废水输送到污水处理站。生产废水应先经装置区内的预处理设施处理，在达到园区综合污水处理厂接管水质标准后排放。其中大型企业生产废水量大，若排入园区市政污水管网，则市政管网管径会增大很多，不经济，故设专用管线，由泵直接送入园区综合污水处理厂集中处理。而中小型企业生产废水的量较小，各自设专用线投资不经济，而有压排入市政管网又会因压力不均匀造成相互干扰，经计算不利于排放。故中小企业可将废水先经泵提升至处理构筑物后，利用余压或自排进入园区市政污水管网。余压大于 0.005 MPa 的应在接入市政管网前泄压，以免影响其上游管线废水排放。各入园项目的生产废水在接入园区生产废水干管前，以及专用废水管出厂前均需在排出管道上设水质、水量监测仪表。

生产废水采用压力管道输送，精细化工生产项目设立专用废水管线，管道可采用高密度聚乙烯（HDPE）管或其他非金属管，埋地敷设。废水专用管线的管径在 *DN*350~*DN*450 之间。其余中小企业生产废水自流排入污水管网，各污水管道管径在 *DN*300~*DN*1200 之间，管材可采用 HDPE 或预应力钢筋混凝土承插口排水管。

各专用废水接管点在各项目界区外 1 m，接管点压力宜控制在 0.1 MPa 左右并根据实际情况确定。考虑到园区项目的不确定性，在提不出具体废水排放点时，在相应地块附近每隔 200~300 m 设一处预留废水检查井，以便将来入园企业废水的接入。预留井甩出红线外 1.5 m。

（2）生活污水排水系统

本系统只在各入园项目内存在，主要指各地块建筑物内卫生间、厕所、浴室、餐厅等设施的生活污水。由于化工企业生活污水量相对较小，单设一个系统，投资上不经济，埋深也因流量小、坡度大而加深，而且生活污水的接入可一定程度上改善 BOD_5/

COD 比值，故各地块的生活污水经重力收集，先由化粪池预处理后，接入园区污水排管，最终与中小企业的生产废水一同自流进入园区综合污水处理厂集中处理。流量较大的生活污水视情况而定，部分生活污水直接和生产废水混合，提高生产废水可生化性，部分生活污水可以和清净水直接进入园区清净水处理站，废水经过处理后可以进行回用。

（3）污染雨水排水系统

本系统只在各入园项目内存在。各项目内污染雨水主要来自生产装置污染区域内的地面初期雨水、地面冲洗水及使用过的消防水。各生产装置污染雨水及消防用水应被收集进入装置区内的污染雨水收集池，污染雨水收集池的容积应能容纳装置污染区地面（按装置区地面的 70% 计）不小于 30 mm 的降雨量。在污染雨水收集池中应设有在线分析仪表，在确定雨水被污染后，收集到收集池缓冲后逐渐排入生产废水系统，经装置区内预处理后，统一送入园区污水排水总管或企业专用管线，然后送入园区综合污水处理厂集中处理。

（4）清净废水和清净雨水排水系统

园区中洁净雨水、循环水排污采用统一管廊进行收集，进入污水处理厂处理后，统一排放。雨水系统采用两级设计，一级初期雨水处理进入废水处理系统或者进入事故池；二级后期雨水进入雨水管网，园区内雨水管道排入渠道，尽可能采用自流分散排放。二级由渠道提升入海，以泵站提升为主，河渠调蓄为辅。

系统一级部分主要用于收集和排放各装置内包括循环冷却水系统的排废水（做进一步处理回用的除外）、脱盐水系统的排水和酸碱中和池排水及锅炉的排水、各地块装置区内非污染区雨水及污染区内的后期清净雨水等。各企业排出的清净废水 COD_{Cr} 应小于 60 mg/L，并符合《污水综合排放标准》三级标准，否则企业应将其送至厂区内部的生产废水系统。各企业可将未被利用的清净废水就近排入企业内部的清净雨水系统，清净废水、清净雨水尽可能分散排放，就近排入水渠或园区清净雨水系统，再经排水渠道上的若干排水泵站提升外排。

园区雨水干管绝大部分采用重力流管道，按满流进行计算，通常管径为 *DN*400~*DN*2400。*DN*1000 以下管线采用钢筋混凝土承插口式排水圆管，*DN*1000~*DN*2000 管线采用预应力钢筋混凝土承插口式排水圆管，*DN*2000 以上的管线采用承插口式夹砂玻璃钢管。雨水泵站出口的有压管线可采用承插口式夹砂玻璃钢管材或其他非金属管材。管网设计时，已完成施工图设计的项目雨水接管点设在项目界区外第一个雨水井；未明确项目，在干管每隔 200~300 m 处设一支管甩头，以便日后入园企业雨水管线的接入。

3.2.2 建立系统参数

科学经济地分类收集厂区废水，根据企业用水水质情况和排水水质情况，可降梯次利用，整体降低废水处理费用，使供水更加趋于经济合理，做到不同水质不同用途，合理使用水源，提高二次水源的回用率。按照含盐量的不同对企业排放废水进行分类收集，含盐量高、水量小的废水要进行单独收集处理，回收无机盐类；含盐量高、水量较大的废水进行统一收集预处理，并与污水厂后端浓水混合处理，达标排放；其他含盐量较低的进行统一收集，水量不小于总水量的 70%~80%，进入园区污水处理厂进行二次水回用处理，生产高品质水，回用于工业生产。其他含重金属、有毒有害有机物的废水，要进行厂内清洁生产和预处理后，方可进入园区污水处理厂进行处理及回用。

污水回用工艺基本采用双膜脱盐工艺。脱盐工艺水回用率在 50%~70%，脱盐后浓水含盐量小于 1%。分类收集系统的建立将以此为基本数据，应用等标污染负荷法将废水进行分类。不同参数取值范围见表 3-2。

$$xP_i = C_1/C_i \times Q_1/Q_{\text{总}}$$

式中　C_1——某企业盐含量（mg/L）；

C_i——园区平均含盐量（mg/L）；

Q_1——C_1 盐含量的企业废水水量之和（m^3/d）；

$Q_{\text{总}}$——园区污水厂总水量（m^3/d）。

表 3-2　不同参数取值范围

编号	参数取值			结果解析	工艺说明
	C_1/C_i	$Q_1/Q_{\text{总}}$	xP_i		
1	3~10	<1%	<0.1	不需要单独收集。水量很小，混合后对平均含盐量贡献 10% 左右	水量少，单独处理费用高
		1%<$Q_1/Q_{\text{总}}$<3%	<0.3	适合单独收集。含盐量很高，混合后对平均含盐量贡献大。水量较小（基本在每天 200 t 左右），脱盐预处理费用相对较低	高含盐量的脱盐工艺多以蒸汽机械再压缩技术（MVR）为主，吨水运行耗电 35 kW·h，MVR 设备以 20 t/h 设计最为经济
		3%<$Q_1/Q_{\text{总}}$<20%	<0.6	适合单独收集	单独收集后，由于盐度与脱盐后浓水盐度相当，可以后端混合处理
		>20%	>0.6	不适合单独收集。含盐量较高，水量较大。企业高含盐废水如果从生产工艺中截流，则盐度增加，水量减少。可归为第一种情况	由于水量较大，剩余废水量低于 70% 后，若脱盐设备水回收率为 70% 时，园区二次水回用率低于 50%
2	<1	>70%		厂内预处理后混合收集，进入园区污水处理厂预处理后进行二次水回用	根据含盐量可以采用不同的回用工艺，当含盐量在 2 000 mg/L 以上时，可采用脱盐工艺，生产高品质水
3	1~3	情况比较复杂		根据实际情况进行判定	—

说明：取值范围在表 3-2 中参数取值范围以外的废水，或参数在临界状态取值时，要根据实际情况作出调整，再判断是否单独收集。

3.2.3 建立体系

以消除重金属和有毒有机污染物为目标，以含盐量和水量为分类标准建立新型分类收集体系。其中，含盐量是第一判断参数，水量是第二判断参数。结合园区情况，通过两个参数综合判断废水收集去向，分类收集系统见图 3-2。

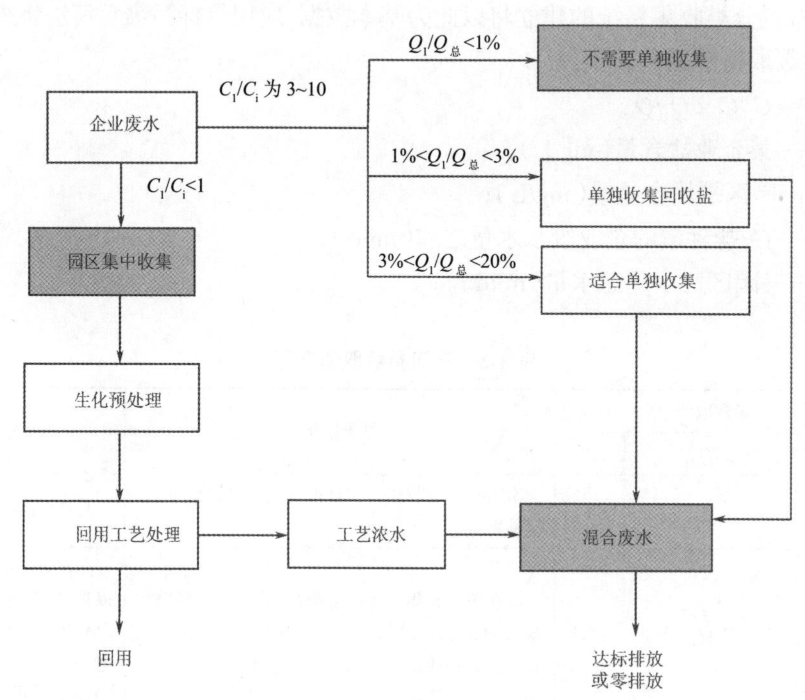

图 3-2 分类收集系统示意图

通过图 3-2 分析可知，园区化工废水基本可以分成以下四类：

①含盐量高，$Q_1/Q_总$<1%，即水量很少的废水，因为对总盐贡献小，废水无需单独收集，可混入总水量中进行处理；

②含盐量高，1%<$Q_1/Q_总$<3% 时，对总盐贡献大，单独收集回收无机盐，蒸出水进入混合废水或进入集中收集废水；

③含盐量高，3%<$Q_1/Q_总$<20% 时，对总盐贡献大，适合单独收集后，与后端工艺浓水混合处理；

④含盐量低且水量大的废水混合收集，排入园区总污水管网，经园区污水处理厂处理后，达标排放或回收利用。

3.3　化工园区雨水的分类收集

3.3.1　化工园区雨水收集利用的可行性和特点

1. 化工园区雨水收集利用的可行性

随着国家对雨水资源的日益重视，各项政策相继颁布，学者们也加强了对相关领域的研究，成功的实践案例逐渐增多。关于化工园区雨水收集利用的可行性可以概括为以下几点。

①雨水作为一种廉价的自然资源与其他水资源相比具有总量多、易于收集、净化成本低的特点。国内外针对雨水收集利用的研究逐步成熟，有了比较先进的雨水处理技术，并且有很多成功的实践案例。化工园区的雨水收集利用完全可以从已有的成果中借鉴经验并加以创新。

②由于化工园区性质的特殊性，在化工生产中需要大量用水，对于一些水质要求不高的工序和生活杂用水，可以将雨水进行简单的处理后加以利用。

③化工园区内有大量的工业建筑，可以采取措施将屋面和屋顶绿化雨水加以收集利用，比如可以设置屋面雨水汇集管，通过管道将雨水排入绿地。

④化工园区中也会有部分绿地，可以利用绿地自身对雨水的存储和净化功能。除此以外，绿地中的自然水体、人工水体、下凹地形都是雨水收集的良好场所。

2. 化工园区雨水收集利用的原则

（1）整体性原则

根据化工园区的现实情况制定雨水利用方案，除此以外，园区的周边环境也至关重要。雨水收集会涉及景观功能、生态功能、社会功能等，这就要求我们整体把控，而不是仅仅考虑细节方面的问题。

（2）可持续原则

雨水利用方案的实施会涉及资金、人员、自然条件等现实因素，故在制定方案时要符合可持续发展的要求，要兼顾近期目标和远期目标，采用生态化的措施逐步进行。

（3）循环利用原则

雨水利用应该具备减少雨水径流污染和控制洪涝灾害的作用，利用雨水进行植物造景，对生活用水、工业用水的水源进行补充，最大限度地减少自来水的消耗。雨水利用方案的制定应该从减少雨水排出量、削减洪峰出发，尽可能地减少雨水污染物的排出。

3. 化工园区雨水收集利用的特点

（1）面广量大

化工园区聚集了很多的化工企业，占地面积一般较大，因此对化工园区进行雨水利用设计能够带来很好的经济效益。同时园区内设置了大量的厂房、车间，因而建筑的雨水利用是化工园区雨水利用的重要内容，可以在建筑屋顶设置屋顶花园或是简单的屋顶绿化来对屋面雨水进行收集利用，多余的雨水还可以通过设置的落水管输送到周边的绿地和其他雨水利用设施。

(2)管理粗放,雨水收集方式多样

化工园区由于化工生产的缘故,可能需要耗费更多的水资源,同时在生产的过程中也会带来大量扬尘、气体污染等,在进行化工园区雨水收集和利用的时候可以偏向于选择既可以收集雨水又可以净化环境的措施,比如可以设置人工湿地这种管理粗放的景观;在植物种植方面,尽量选择抗性强、具有较强净化能力的植物。

相比于居住区、公共绿地等,化工园区的人群较为单一,对景观的要求相对较低,在进行雨水利用设计时干涉的因素较少,因此可以选择多种雨水收集的方式,像设置台阶绿地、雨水花园、旱溪等都是切实可行的。

(3)雨水收集后利用程度高

相比于其他场地,化工园区的雨水利用渠道更广,并且很多渠道对水质的要求不高,收集后的雨水可以用来进行设备清洗、植物灌溉、工业生产等,因此可以对雨水进行更有效的利用。

3.3.2 化工园区雨水收集方式

1. 对园区雨水和循环水进行统一收集

有条件的园区,可以将雨水收集系统细化为屋面的雨水收集系统和地面的雨水收集系统。园区中洁净雨水、循环水排污采用统一管廊进行收集,经污水处理厂处理后统一排放。

由于屋面受人类活动的影响小,所以屋面对雨水的污染程度比路面要轻得多,而且地面要考虑到相当一部分的雨水途经绿地回补地下含水系统。因此,雨水收集系统包括屋面的雨水收集系统和地面的雨水收集系统,而且两种收集系统在设计上要有所差异。

(1)屋面雨水的收集

屋面雨水一般占园区雨水资源量的35%左右,易于收集,且水质相对较好。对屋面雨水典型的收集方式为:屋面雨水经雨水立管进入初期弃流装置,通过初期弃流装置将初期较脏的雨水排至园区污水管道,进入城市污水处理厂处理。

(2)地面雨水的收集

由于地面的雨水水质较差,其主要用在地表蓄水池。地面雨水径流从集水口流入雨水管道,直接汇入雨水贮水池。

(3)雨水调蓄池

在污水处理厂修建调蓄池储存高峰流量是一种应用广泛的措施。截流后的初期雨水(含部分城市污水)进入调蓄池,经处理后方可达标排放。

2. 初期雨水收集

从环评审批到重点环境风险企业环境安全达标建设工作均将初期雨水的回收处理建设作为考核指标之一。但在实际运行中大多数企业的雨水排放不能做到稳定达标排放,这与雨水收集不完善是密切相关的。根据实际经验提出如下对策建议。

①强化二次收集。清下水管网污染最易发生在生产车间、废水处理站和仓储周围。根

据监测，多数企业上述构筑物周围初期雨水 COD_{Cr} 的浓度高达 300~1 000 mg/L，若雨期间隔长浓度将更高。如对这些区域初期雨水不采取任何措施，任其直接排入雨水管网，仅靠末端初期雨水收集是很难达到排放标准的（达标率不到 5%）。如初期雨水进入主雨水管网前，就在车间等高危区域周围设置一次收集设施，就可以大大减轻末端收集处理的压力。

②可在车间周围修建雨水地上明沟，明沟要建在生产区域外且要包纳所有生产设施和辅助设施。修建的明沟既要注意底面坡度，确保不留积存水，以 0.3 m × 0.3 m 为宜，又要注重顶面坡度，靠生产区域的一侧坡度是向沟内倾斜，与车间平齐或略低，另一侧则向外侧顶面倾斜略高于外侧地面。目的是便于降水时低浓度池能收集更多的车间区域的初期雨水（房顶雨水直接排入雨水管网）。

③在一次收集完成后，打开支沟上的阀门，雨水排入主管网，进入全厂主初期雨水收集池。主管网的截面根据企业规模决定，小企业采用 0.4 m × 0.4 m，稍大企业可适当加大宽度，但不宜太深。收集池进口依然要低于主管网底面 1 cm 以下，确保初期雨水自动流入。初期雨水收集池需安装液位计，通过液位计与泵的自动连锁控制，确保低浓度池处于低液位（平时有污水流入后及时泵入污水处理站），雨水排口安装电动阀门，以防受人为因素的影响使阀门处于常开状态（非雨时段阀门应常闭）。

④初期雨水收集池容积必须有保障。初期雨水的收集量应与暴雨重现期和收集面积相匹配，环评一般以化工装置区和储罐区的面积计算收集量，事实上化工企业初期雨水的收集不能仅限于以上区域，还要包含废水处理、固废堆场、煤场和物料装卸等涉污地域，若初期雨水的收集仅局限于化工生产装置则不能保证清下水 40 mg/L 的标准要求。因此，一般要求以整个生产区计算初期雨水的回收面积。

⑤初期雨水收集池的容积计量必须以实际能自动流入量计（主要考虑动力提升受人为因素影响较大），而不能以整个池容计量。如某企业按规定初期雨水池体积应为 400 m^3，但池体进水口位于池面以下 1.2 m 处，而池高为 2.8 m，实际能收集的容量仅为 54%。

⑥在设计化工厂废水处理量时要考虑每次收集的初期雨水量，而不仅仅是环评计算全年均值量。

3.3.3　化工园区雨水收集与处理技术

1. 化工园区雨水收集与处理技术的流程

化工园区雨水收集与处理可按照不同用途采取不同技术，如对雨水水质条件较好、地下水位较低、平均坡度小且土壤渗透能力较好的园区（透水性路面），可利用表层植被和土壤净化功能的自然净化方法处理雨水，同时还可以减轻对雨水收集、输送系统的压力，补充地下水，通过滞留、渗透、回灌、溢流后经土壤过滤回收。在雨水水质条件较好的缺水工业园区，可直接收集雨水，再采用简单的物化法处理后进行回用。

对于水质要求较高的园区则要选择更先进、可靠的雨水深度处理工艺，如膜过滤技术，处理出水可用做消防及冷却用水。此外，在雨水利用系统中，如对运行管理的要求较高且资金允许的条件下，可考虑采用成套的雨水截流、处理装置及自动控制系统等对雨水进行回用。图 3-3 所示为某化工园区雨水的分类收集与处理流程。

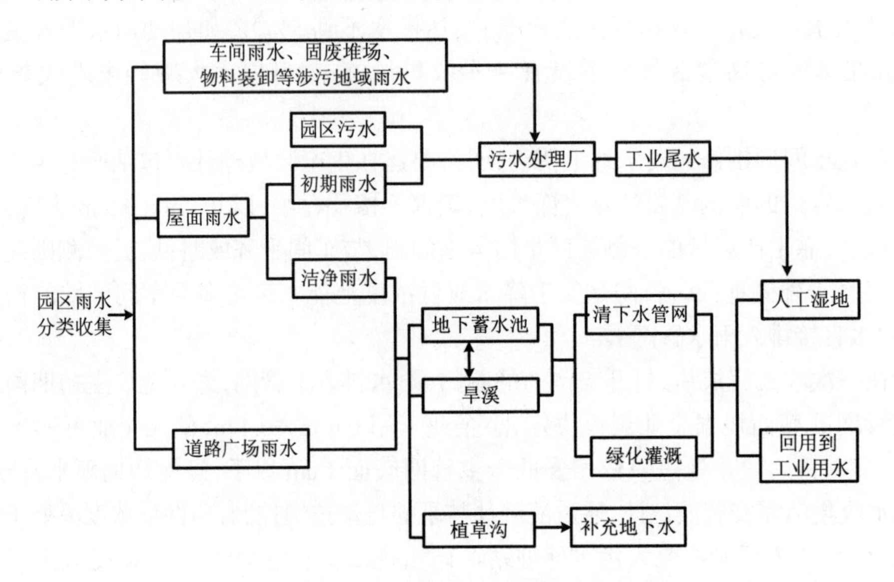

图 3-3 某化工园区雨水的分类收集与处理

化工园区雨水的收集与处理回用是一个综合的系统，应满足以下要求。

①对于污染严重的汇水区应选用植草沟、植被缓冲带或沉淀池等对径流雨水进行预处理，去除大颗粒的污染物并减缓流速；应采取弃流、排盐等措施防止融雪剂或石油类等高浓度污染物侵害植物。

②屋面径流雨水可由雨落管接入生物滞留设施，道路径流雨水可通过路缘石豁口进入，路缘石豁口尺寸和数量应根据道路纵坡等经计算确定。

③雨水利用措施应用于道路绿化带时，若道路纵坡大于 1%，应设置挡水堰 / 台坎，以减缓流速并增加雨水渗透量；设施靠近路基部分应进行防渗处理，防止对道路路基稳定性造成影响。

④雨水利用措施内应设置溢流设施，可采用溢流竖管、盖篦溢流井或雨水口等，溢流设施顶一般应低于汇水面 100 mm。

⑤雨水利用措施宜分散布置且规模不宜过大，生物滞留设施面积与汇水面面积之比一般为 5%~10%。

⑥复杂型雨水利用措施结构层外侧及底部应设置透水土工布，防止周围原土侵入。如经评估认为下渗会对周围建（构）筑物造成塌陷风险，或者拟将底部出水进行集蓄回用时，可在生物滞留设施底部和周边设置防渗膜。

⑦雨水利用措施的蓄水层深度应根据植物耐淹性能和土壤渗透性能来确定，换土层介质类型及深度应满足出水水质要求，还应符合植物种植及园林绿化养护管理技术的要求；砾石层起到排水作用，砾石应洗净且粒径不小于穿孔管的开孔孔径；为提高生物滞留设施的调蓄作用，在穿孔管底部可增设一定厚度的砾石调蓄层。

2. 典型的雨水收集与处理技术举例

（1）缓坡绿地

缓坡绿地（图 3-4）可以降低雨水在绿地中的流速，增加雨水在绿地中的停留时间，从而有效增加雨水的渗透量。随着绿地坡度的增加，产生的径流量也会增多，径流会对地表进行冲刷，影响场地的稳定性。一般来说，在不做处理的情况下，6°～15° 的坡地可能会有中度水土流失的现象，当绿地坡度达到 15°～25° 的时候可能会发生严重的水土流失。因此，在前期园区设计时可以通过降低绿地的坡度来控制雨水径流。

图 3-4　缓坡绿地

（2）下凹式绿地

下凹式绿地（图 3-5）在渗透雨水的同时具有净化雨水的功能，对雨水 COD、TP 和 NH_3-N 具有消减作用，相当于地表漫流系统和人工湿地系统等土地处理系统的消减能力。很多因素会对下凹绿地的雨水净化效果产生影响，比如降雨后期的净化效果往往逊色于降雨前期的效果，大雨时的净化效果也比不上小雨时的效果。关于下凹绿地设计的参数有很多，比如：下凹绿地面积、设计暴雨重现期、绿地下凹深度、土壤稳渗率，以及绿地耐淹时间等，其中最重要的控制参数是绿地下凹深度和下凹绿地面积。

图 3-5　下凹式绿地

（3）植草沟

植草沟（图 3-6）布置在与道路交接的绿地中，使得落在道路上的雨水可以随着竖向流入植草沟中，可收集、输送和排放径流雨水，也可作为生物滞留设施、湿塘等低影响开发设施的预处理设施，具有一定的雨水净化作用。植草沟在规划区内主要应用于道路改造和新建工程，具有建设及维护费用低，易与景观结合的优点。除此以外，植草沟还可以起到降低径流速度、减少地表冲刷的作用。雨水在植草沟流动的过程中，还可以通过植物、微生物对雨水进行净化、过滤，从而达到减少污染的作用。

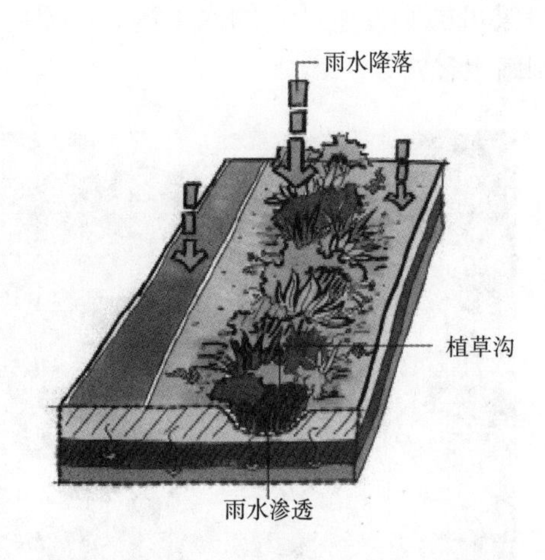

图 3-6　植草沟

（4）旱溪

旱溪（图 3-7）是一种模仿自然水体的形态，在底部铺设卵石的非永久性水体。在雨季时可以吸收雨水呈现水体的形态，并可以引导雨水径流传输到特定的区域，在旱季则保持干涸。除此以外，旱溪往往还会与植物的营造相配合，从而可以从意境上表现出溪水的景观。相比于人造水来讲，旱溪的维护和使用成本更低，景观效果也更持久。旱溪应用范围比较广泛，多应用在线性汇水区，比如斜坡底部、谷底或利用原有排水明沟进行改造，兼备了吸收雨水、传输雨水和景观的功能。由于溪床是仿自然水体，因而蜿蜒曲折，加上卵石的铺设，相比之前所说的植草沟而言，旱溪在减小雨水冲刷方面更加有效。

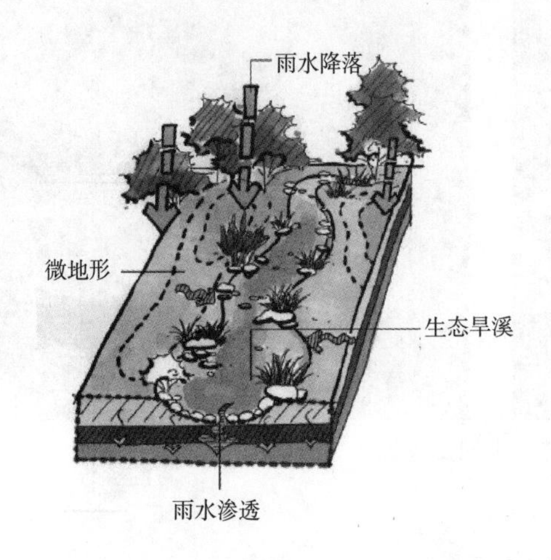

图 3-7　旱溪

（5）透水铺装

透水铺装（图 3-8）是指具有让雨水直接渗入地下，并能使雨水还原成地下水的人工铺筑地面。透水铺装路面结构主要由面层、找平层、基层和垫层四个部分组成。面层具有良好的透水性，来保证雨水的下渗，除此以外还要具备一定的抗压、抗剪性能以保证行车安全；用粗砂或者中砂铺设的找平层起着平托面层、黏结基层与面层和保证雨水渗透的作用；透水地面的基层普遍采用具备良好的透水和储水性能的材料，比如单级配或者连续级配的砾石、煤矸石和石灰石等孔隙率较高的材料，只有这样才能起到承担起储存雨水和削减洪峰的作用，除此以外在基层和土基之间还设置了透水的土工膜来增强雨水的下渗。

图 3-8　透水铺装

（6）人工湖

人工湖（图 3-9）作为一种综合的雨水利用系统，在化工园区中兼顾了汇集、净化和利用雨水的功能。除此以外还可以拦洪调蓄，提升园区景观环境。作为低廉、易得的自然资源，雨水的引入应该作为人工湖水源补给的重要来源。为了增强雨水补给的效果，往往在人工湖建造前就要设计出合理的补给方案。一般来说，可以利用雨水口来收集道路、广场和绿地的雨水，通过管渠将雨水输送到人工湖内，或者通过建筑边缘的水渠将雨水引入人工湖。

图 3-9　人工湖

（7）人工湿地

人工湿地（图 3-10）技术理念来源自然湿地系统，利用基质—微生物—植物这个复合的生态系统,综合物理、化学和生物的三重协调作用,通过过滤、吸附、共沉淀、离子交换、植物吸收和微生物分解来实现对废水中有害物质的去除,同时通过营养物质和水分的循环,实现废水的资源化和无害化。

人工湿地的基质主要有沙粒、沙土、土壤和石块。基质一方面为微生物的生长提供稳定的依附表面,也为水生植物提供载体和营养物质,是湿地化学反应的主要界面之一。水生植物在人工湿地中起着重要作用。植物的选择有以下几个原则:根系发达,输氧能力强;适合当地气候环境,优先选择本土植物;耐污能力强,去污效果好;具有抗冻、抗病害能力;具有一定的经济价值;容易管理;具有一定的景观效应。

图 3-10 人工湿地

3.4 化工园区生活污水的分类收集

3.4.1 生活污水水质与中水回用标准

生活污水分为 COD 较高的黑水和 COD 相对较低的灰水,含盐量在 1 000 mg/L 以下,进行中水回用的工艺相对简单,投资少,运行费用相对较低。典型生活污水水质见表 3-3,回用标准见表 3-4。

表 3-3 生活污水水质

序号	项目	数值
1	COD(mg/L)	≤ 250
2	BOD_5(mg/L)	≤ 125
3	氨氮(mg/L)	≤ 30
4	总磷(mg/L)	≤ 5
5	pH 值	6.0~8.0
6	悬浮物 SS(mg/L)	≤ 200

表 3-4　中水水质标准一览表

序号	项目	《城市污水再生利用　城市杂用水水质》（GB/T 18920—2020）景观、绿化、冲车
1	pH 值	6.0~9.0
2	色度（度）	≤ 30
3	嗅	无不快感
4	浊度（NTU）	≤ 5
5	COD	≤ 50
6	BOD_5（mg/L）	≤ 6
7	阴离子表面活性剂（mg/L）	≤ 0.5
8	总余氯（mg/L）	接触 30 min 后≥ 1.0，管网末端≥ 0.2
9	总大肠菌群（个 /L）	≤ 3
10	氨氮（mg/L）	≤ 10
11	铁（mg/L）	≤ 0.3
12	锰（mg/L）	≤ 0.1
13	溶解氧（mg/L）	≥ 1.5
14	溶解性总固体（mg/L）	≤ 1 000

3.4.2　生活污水的分类收集与处理方式

园区生活污水分类收集与处理方式可分为混合处理和单独分类收集处理两种，如图 3-11 所示。

（1）混合处理

在化工园区内，工艺废水一般占总废水量的 70% 以上，生活污水比例小于 15%，生活污水水量相对工艺废水水量较少，总体分类收集处理不经济，因此建议园区单独对生活污水采用地下污水管道统一收集。此外，对于个别生活污水比例高的企业，可以考虑将生活污水与厂区废水混合进行处理。

（2）单独分类收集处理

如果生活污水占化工园区废水总量大于 40%，因为生活污水可生化性强、含盐量低、处理工艺简单经济，单独处理会比和工业废水混合处理成本和运行费用都低。根据后续废水达标排放去向的不同，可以选择两种不同的处理方式：其一，生活污水处理后直接达标排放，可以选择成熟的工艺如“预酸化调节＋生物接触氧化”法和“膜 - 生物反应器”（MBR）法；其二，后续污水进行中水回用，可以选择 MBR 法和膜过滤法（超滤膜、纳滤膜、反渗透膜），这两种方法完全能够确保生活污水处理后的水质达到排放标准。

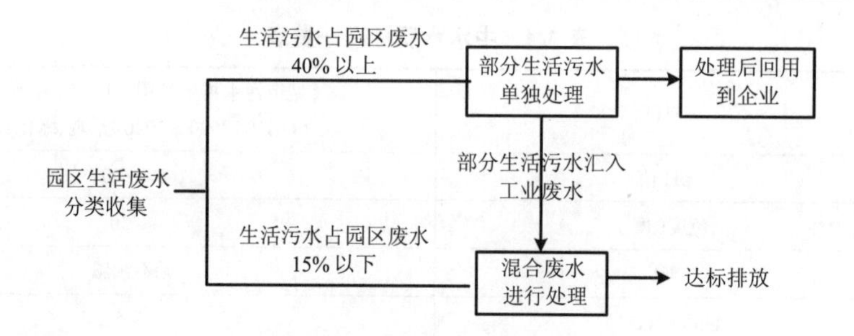

图 3-11　园区生活污水分类收集与处理

3.5　化工园区生产废水的分类收集

3.5.1　生产废水的分类收集方法

化工园区废水在对其水质特征进行分析和评估的基础上，根据废水的毒性、盐度以及有机物含量，对水质类型进行划分，对收集节点中特征废水进行预处理后，通过不同的废水管廊统一进行收集。图 3-12 所示为化工园区废水分类、收集、预处理流程示意。

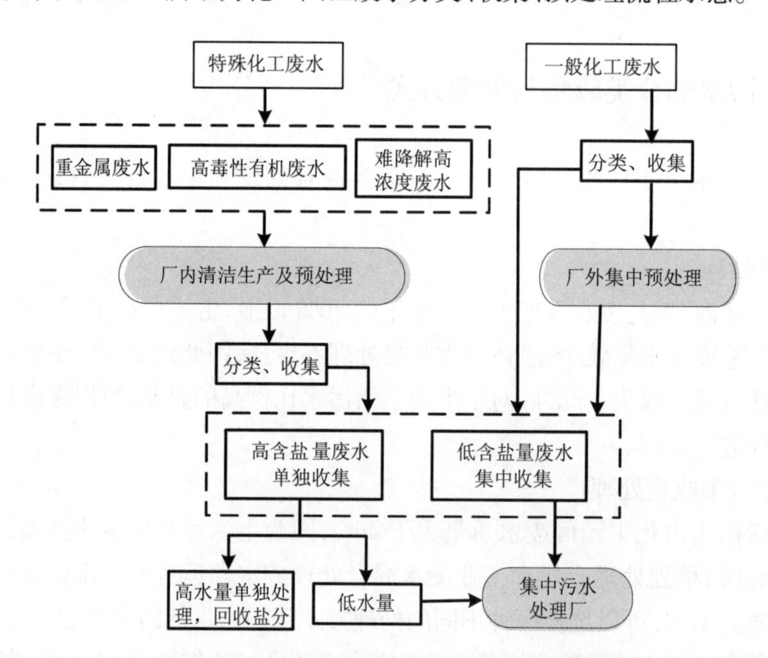

图 3-12　化工园区废水分类、收集、预处理流程示意

重金属废水要在车间内完成重金属的去除，多以化学沉淀、药剂还原等方式沉淀废弃或进行资源回收；对于高毒性有机废水，一方面采用厂内优化工艺，实行清洁生产，另一方面采用水解酸化、芬顿（Fenton）、微电解等预处理设施解毒后方可排入下一级。总之，不同的化工废水水质，所采取的预处理方式也不同。废水经过预处理后，按照含盐量或者水量进行分类、收集，排入园区集中处理，既达到了节水减排的目的，也实现了节能环保的目标。

按照含盐量的不同进行化工废水分类收集对节水减排是最有意义的分类方法。含盐量高、水量小的废水要进行单独收集处理，回收无机盐类。含盐量高、水量较大的废水进行统一收集预处理，达标排放。其他含盐量较低的废水进行统一收集，排入园区污水处理厂处理，生产高品质水，回用于化工生产。其他含重金属、有毒有害有机物的废水，要进行厂内清洁生产和预处理后，方可进入园区污水处理厂进行处理及回用。

图 3-13 所示是某化工园区以含盐量为依据的废水分类收集示意。此分类收集方法考虑了园区水处理的经济性，将水量小、盐含量高的废水进行盐回收，将水量大、盐含量高的废水单独收集预处理。其他企业废水集中处理时，总排口含盐量较低，可以采用双膜法进行二次水回用。分类收集后，大大提高了园区的二次水回用率，二次水回用更加经济可行。此废水分类收集流程对其他工业园区具有可复制和可推广性。

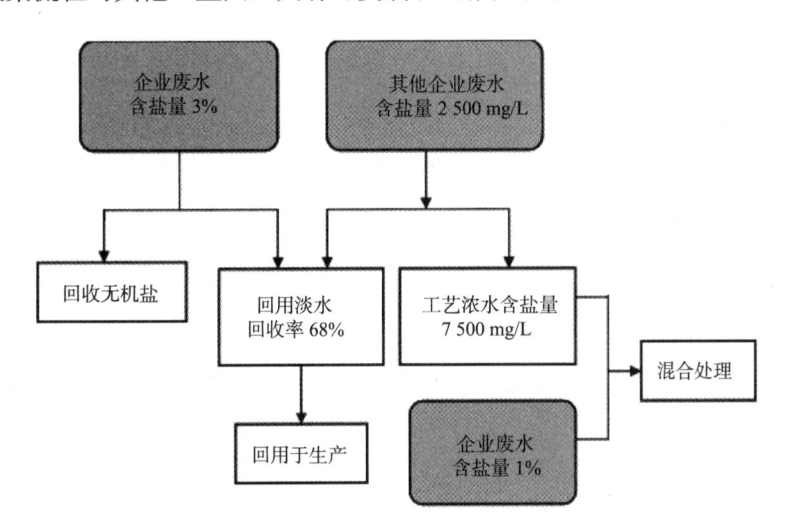

图 3-13　某化工园区以含盐量为依据的废水分类收集示意

现阶段，按照含盐量对化工园区废水进行分类收集在技术和经济上都是可行的。随着经济的发展，水资源的进一步短缺，化工园区废水的分类收集程度会不断加深。化工园区废水的分类收集对于水资源的高效处理与合理利用，对于园区企业的可持续发展都具有重要的意义。

3.5.2　生产废水的输送

对化工园区生产废水进行分类收集和预处理后，分流分质采用工艺废水管廊的方式进行收集，一户一管，单独在线计量管理，并根据水质情况进行相应收费。依靠提升泵站，将预处理后的工艺废水输送至园区污水处理厂，进行集中处理和排放。

3.6　化工园区废水控源监管保障体系

3.6.1　化工园区污水处理厂纳管标准

污水处理厂接纳的废水主要为化工园区的生活污水和工艺废水。根据废水水质分析，参考国内工业园区的废水处理模式，制定化工园区污水处理厂纳管标准。

入区企业的废水若含有《污水综合排放标准》（GB 8978—1996）规定的第一类污染物，则必须在车间内进行预处理，达到《污水综合排放标准》（GB 8978—1996）第一类污染物最高允许排放浓度后方可排入污水管道。

进入污水处理厂的废水中第二类污染物最高允许排放浓度必须同时满足《污水综合排放标准》（GB 8978—1996）三级标准和《污水排入城镇下水道水质标准》（GB/T 31962—2015）。

考虑到化工废水难降解及含盐量高的特点，对纳管水质指标在满足以上要求的同时可以适当进行以下调整。

①由于化工废水难降解的特点，各企业预处理后排出的水中难降解有机物含量较高，来水的 BOD_5/COD 值较低，故可放宽纳管 COD 水质指标。

②如化工废水含有第三类、第四类物质如叔丁基类物质，多环芳香烃如蒽、菲等难降解物质和第五类物质如不能被降解的物质，则需要在厂内单独收集进行预处理去除生物毒性后才能进入园区污水处理厂。

③某些企业化工废水含盐量较高，且常规预处理措施对盐的去除效果欠佳的情况下，根据园区具体情况，可适当放宽《污水综合排放标准》（GB 8978—1996）三级标准中对 TDS 的指标要求。

④超过纳管标准的，可以多个企业按照废水盐度高低统一收集运输后在园区集中进行预处理，如脱盐处理等，进行计量收费。

北方沿海某化工园区污水处理厂纳管水质指标如表 3-5 所示。

表 3-5　污水处理厂纳管水质指标

序号	项目名称	单位	最高允许浓度
1	温度	℃	35
2	pH 值	—	6~9
3	色度	倍	80
4	COD_{Cr}	mg/L	700
5	BOD_5	mg/L	300
6	SS	mg/L	400
7	矿物油类	mg/L	20

续表

序号	项目名称	单位	最高允许浓度
8	TDS	mg/L	8 000
9	NH_3-N	mg/L	35
10	磷酸盐（以 P 计）	mg/L	8.0

3.6.2　化工园区废水控源监管保障体系

1. 保障体系构架

化工园区废水控源监管保障体系构建框架如图 3-14 所示。该体系由水污染源诊断评估系统和管理保障体系两部分组成，其中水污染源诊断评估系统主要包括废水水量估算、废水水质监测与分析、水污染源评价与分类预处理。管理保障体系包括对废水处理系统的常规管理和预警，以及对整个园区综合污水处理厂的监督与应急管理措施。

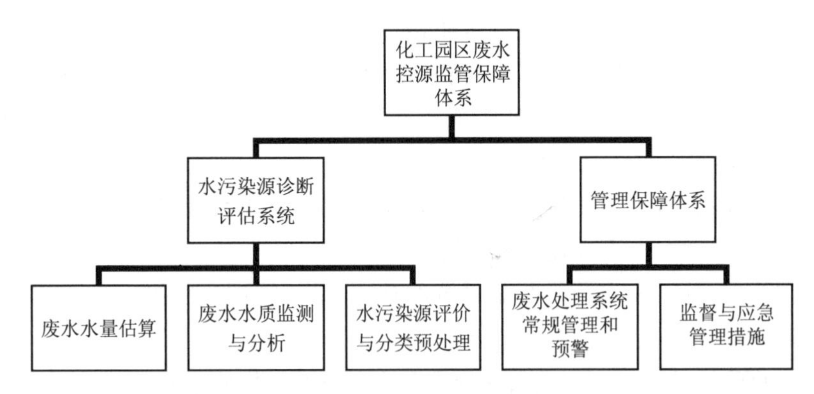

图 3-14　化工园区废水控源监管保障体系框架

2. 管理方案的主要项目和设施

管理方案的主要项目和设施包括：废水分类收集系统、高浓度难降解废水预处理系统、化工综合污水处理厂等设施。

3. 管理内容与措施

（1）分类收集系统建设管理

建立和落实工程质量领导制度：对由国家投资、地方合资、企事业单位独资、合资以及其他方式建设的水处理工程，必须建立和落实工程质量领导责任制，对工程质量要实行行业主管部门、主管地区行政领导责任人制度。勘察设计、施工、监理等单位的法定代表人，要按各自职责对所承建项目的工程质量负领导责任。

强化四个制度，规范建设管理：实行项目法人责任制、招标投标制、工程监理制和合同管理制。工程质量严格执行建设程序，确保工程建设前期工作质量，按照国家规定履行报批手续。工程建设程序包括：项目建议书、可行性研究、初步设计、开工报告和竣工验收等工作环节。建设单位负责设计和建设，并与主体工程同时设计、同时施工、同时交付使用。

(2)分类废水水质监测方案

加强对分类收集系统中的废水水质管理是保证园区综合污水处理厂使用安全和生产效果的最重要管理手段,因此对园区分类收集系统中水质的监测尤为重要。

监测地点:定期检测是为了保证分类废水水质安全和综合废水处理设施的正常运转必须掌握的水质状态而进行的测定,水样的采集应满足水质测定的需要;不定期检测是在原水水质恶化及处理设施功能降低、不同类别水质可能达不到各自进水要求的情况下进行的,采集水样的地点要根据具体情况确定,可在园区各企业的进出水处、综合污水处理厂进出水处、各单元构筑物的进出水处、废水分类输配水管线上等。

监测指标:测定指标以处理不同类别废水的特殊性确定。

化工废水水质监测项目:COD_{Cr}、BOD_5、浊度、总硬度、总碱度、氨氮、总氮、总磷、SS、pH值、溶解氧、总盐量、生物毒性、铁、锰、阴离子表面活性剂、Cl^-、SO_4^{2-}。

生活污水水质监测项目:COD_{Cr}、BOD_5、浊度、总硬度、总碱度、氨氮、总氮、总磷、SS、pH值、溶解氧、总盐量。

雨水水质监测项目:COD_{Cr}、氨氮、SS、溶解性总固体。

监测频率:水质监测的频率要根据水质指标测定的难度、对该类废水使用的影响程度、水质参数的变化特点来确定,基本以天为单位,具体次数依据水质情况、水量情况、季节变化而定。当水质突变时按需要立即增加监测点、监测指标和监测频率,不受上述安排限制。

(3)运行管理

日常运行管理:日常运行管理以保障良好安全的水质和不断完善健全分类收集系统为目的,重点是对园区分类收集系统的管理与维护。

定期维护管理:针对废水分类收集系统的观测、运行管理和维护经验,定期对分类系统进行维护管理。

突发事件的预防:针对水质突变,必须准备应急方案和措施,应对突发事件。

(4)安全用水管理和法规

在园区中建立健全安全用水管理和法规,主要包括:严格执行国家颁布的再生水利用水质标准,制定再生水使用过程中配套设施的监督管理措施;优先促进发展再生水利用生态环境建设,积极建立完善再生水利用和管理法规体系;强化健全稳定的投入保障机制;加大对再生水使用、水生态环境保护的宣传力度。

第4章 化工废水分质预处理技术

化工废水预处理是废水进入传统的沉淀、生物等处理之前根据后续处理流程对水质的要求而设置的预处理设施,是污水处理厂的“咽喉”。我国化工企业类型多,相应的化工废水具有污染物种类繁多、水质波动大、腐蚀性较强、生物毒性与含盐量高等特点,传统处理方法难以进行有效处理。调研发现,我国化工废水预处理普遍存在预处理措施不当、针对性不强,缺乏切实可行的预处理措施等问题,使毒性难降解,有机污染物或高盐分进入后续生化工序,微生物难以培养和正常生长。常规方法处理不达标,直接导致有机物严重超标的出水进入地表水体或土壤中,给环境造成持久污染。

针对化工行业废水水质特征及共性分析,化工废水预处理急需解决的技术关键有如下几点。

①采取预处理工艺必须具有广谱性,适应范围广及适应能力强,具有破坏污染物结构、降低毒性和去除COD等多种功效;

②工艺操作简便、易掌握、管理方便;

③对配套设施或设备材料要求低,无需高温高压;

④投资及运行成本相对较低,具有良好的经济性。

我国化工园区需要加强废水分类收集与管理,对废水采取针对性的分质预处理,降解废水中的油脂、SS、难降解有机物、重金属、盐分等不利于生化处理的物质,对保证后续生化处理效果、实现化工废水的达标排放与资源化利用具有重大意义。

本章节将预处理技术分为预处理除油杂技术、预处理解毒技术、预处理去除重金属技术和预处理脱盐技术四种类型。由于篇幅所限,每种类型的预处理技术只列出了工程化应用较多的、比较成熟的几项技术,对每项技术的原理、适用范围、优缺点、影响因素、应用案例等方面进行了阐述。

4.1 预处理除油杂技术

在废水生化处理中,人们往往只注重出水中悬浮物含量达标的问题,很少考虑悬浮物对生化处理系统的影响,特别是无机悬浮物对生化系统的危害。事实上,大量悬浮物,特别是无机悬浮物进入生化处理系统后,使系统中活性污泥的挥发性固体含量下降,菌胶团松散、细碎,造成活性污泥流失,增加剩余污泥的排放量,缩短活性污泥的泥龄,既不能保证生化出水悬浮物达标,又使COD、BOD_5的去除能力大幅下降。为保证废水生化处理系统的正常运行,必须重视悬浮物的去除。

不同类型化工废水中含有的浮油含量并不相同。以煤化工废水为例,煤焦化及液化废水中含油量较高,汽化废水中含油量相对较低,主要是有机溶剂溶解的苯酚之类的芳香族化合物造成的。废水的含油量是影响生化处理效果的重要因素之一。油类物质能黏附在菌胶团表面，对可溶性有机物进入微生物细胞壁产生阻碍作用，同时，污泥颗粒可能会因夹带油的颗粒而上浮到水面，严重影响生化效果。一般生化处理进水要求废水中含油量不宜超过50 mg/L，最好控制在20 mg/L以下。

去除化工废水中的悬浮物质、油类物质，常用的方法有隔油法、混凝法、气浮法、电解法、离心分离法等。

4.1.1 隔油法

1. 技术原理

油品在废水中的状态主要分为以下四种。

①悬浮状态：油品颗粒较大，油珠粒径一般大于100 μm，漂浮水面，易于从水中分离。这类油品占废水含油量的60%~80%。

②乳化状态：油品的分散粒径小，油珠粒径小于10 μm，一般为0.1~2 μm，呈乳化状态，不易从水中上浮分离。这类油品占废水含油量的10%~15%。

③溶解状态：油品在水中溶解度极小，油珠粒径比乳化状态的小，有的可小到几纳米，溶于水的油品占废水含油量的0.2%~0.5%。

④重油：比重大于1的油，可用沉淀法去除比重大于1的重油。

隔油法是利用油滴与水的密度差产生上浮作用来去除含油废水中可浮性油类物质的一种废水预处理方法。粒径较大浮油的上浮规律遵从斯托克斯公式。

2. 适用范围及优缺点

隔油法一般用于处理含油废水中悬浮状态的油和重油，对于乳化状态的油一般采用破乳—混凝—气浮工艺进行处理。

隔油法的优点是隔油池构造简单，便于运行管理，除油效果稳定。缺点是池体大，占地面积大。

3. 隔油池构造及工作原理

隔油池的类型很多，有平流式隔油池、斜板式隔油池、斜管隔油池等。

平流式隔油池的构造如图4-1所示，含油废水通过配水槽进入平面为矩形的隔油池，沿水平方向缓慢流动，在流动中比重小于1且粒径较大的油珠上浮到水面，由集油管或设置在池面的刮油机推送到集油管中从出油口排出。比重大于1的重油及其他杂质在隔油池中沉淀下来，积聚到池底污泥斗中，通过排污管排出。经过隔油处理的废水则溢流入排水渠排出池外，然后进行后续处理，以去除乳化油及其他污染物。平流式隔油池的优点是构造简单，便于运行管理，除油效果稳定，缺点是池体大，占地面积大。

斜板式隔油池的构造如图4-2所示。采用波纹形斜板，废水沿板面向下流动，从出水堰排出，水中的油珠沿板的下表面向上流动，然后经集油管收集排出，水中的悬浮物沉降到板上表面，落到池底可经排泥管排出。目前我国一些含油废水处理站，多采用这种形式的隔油池。

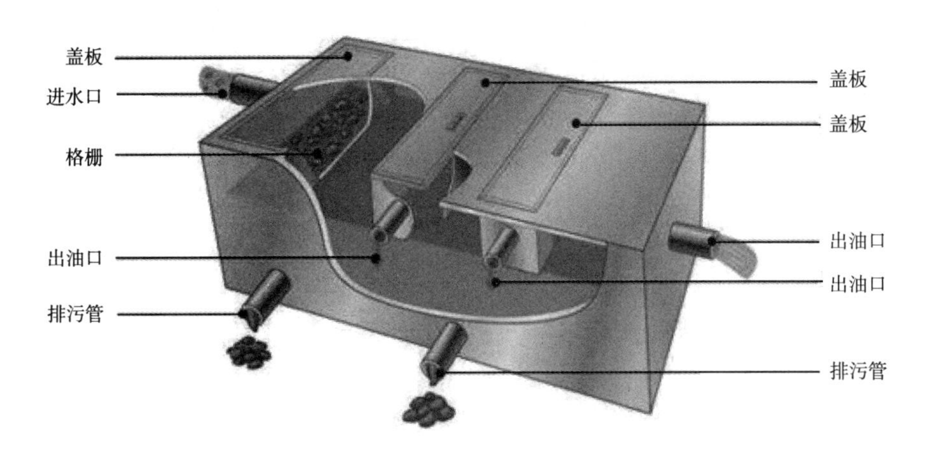

图 4-1　平流式隔油池构造示意

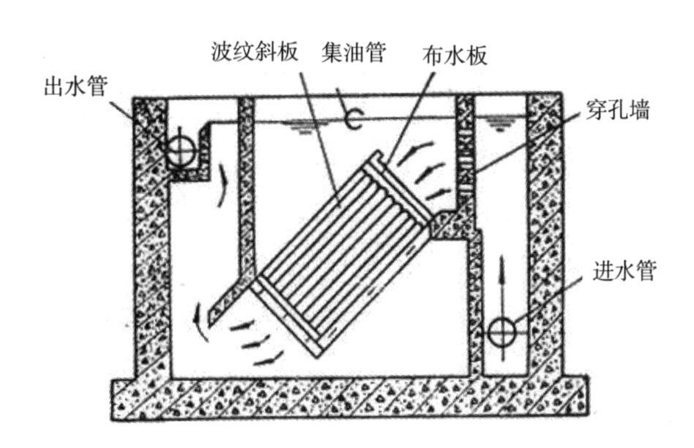

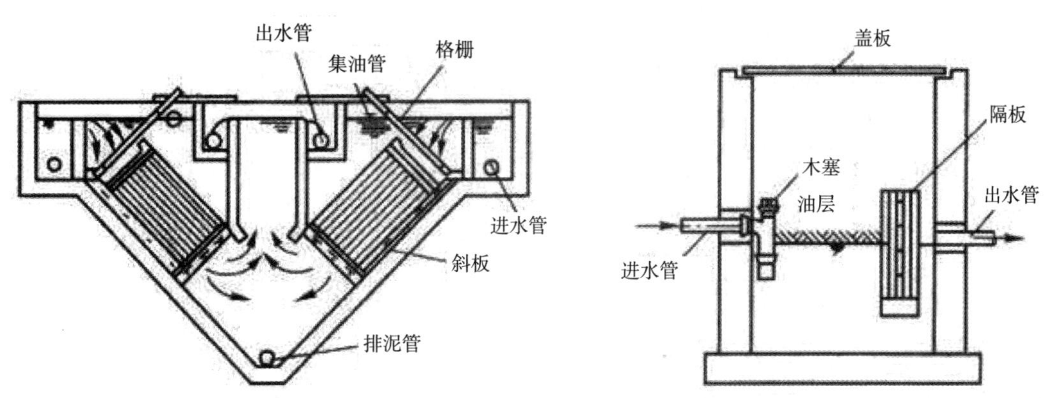

图 4-2　斜板式隔油池构造示意

隔油池多用钢筋混凝土筑造，也有用砖石砌筑的，平流式隔油池废水停留时间一般在1.5~2 h，废水的水平流速为2~5 m/s，在矩形平面上，沿水流方向分为2~4格，每格宽度一般不超过6 m，以便布水均匀。有效水深不超过2 m，超高不小于0.4 m，隔油池的长度一般比每一格的宽度大4倍以上。隔油池多用链带式的刮油机和刮泥机分别刮除浮油和池底污泥。一般每格安装一组刮油机和刮泥机，设一个污泥斗，污泥斗倾角为 45°。若每格中间加设挡板，挡板两侧都安装刮油机和刮泥机，并设污泥斗，称为两段式隔油池，可以提高除油效率，但设备增多，能耗增高。若在隔油池内加设若干斜板，也可以提高除油效率，但建设投资较高。在寒冷地区，为防止冬季油品凝固，可在集油管底部设蒸汽管加热。隔油池一般都要加盖，并在盖板下设蒸汽管，以便保温，防止隔油池起火和油品挥发，并可防止灰沙进入。斜板隔油池设计表面水力负荷 0.6~0.8 $m^3/(m^2 \cdot h)$，斜板的净距为 40 mm 左右且倾角不应小于 45°。

4. 应用案例

（1）炼焦含油废水

陕北地区兰炭资源丰富，兰炭炼焦成为当地的主要产业之一。但是兰炭炼焦会产生大量的荒煤气，其热值较低，无法直接利用。在工业上荒煤气的净化处理一般先用水洗吸收，再用隔油池分离。与一般的炼焦含油废水相比，陕北地区兰炭炼焦的含油废水中的油含量较大，所采用的平流式隔油池结构如图 4-3 所示，含油废水通过进水管进入隔油池进水区，经过进口折流板进入隔油池分离区，由于隔油池分离区体积较大，含油废水流速较慢，保持层流状态。轻油滴由于浮力大于重力而上浮到水层表面，并不断在水层表面聚集形成轻油层，最终从上面的轻油管排出。而重油滴所受的重力大于浮力从而下沉到隔油槽底，并不断聚集形成重油层经重油管排出。水经过挡油板、出水堰进入出水区，通过排水管排出。

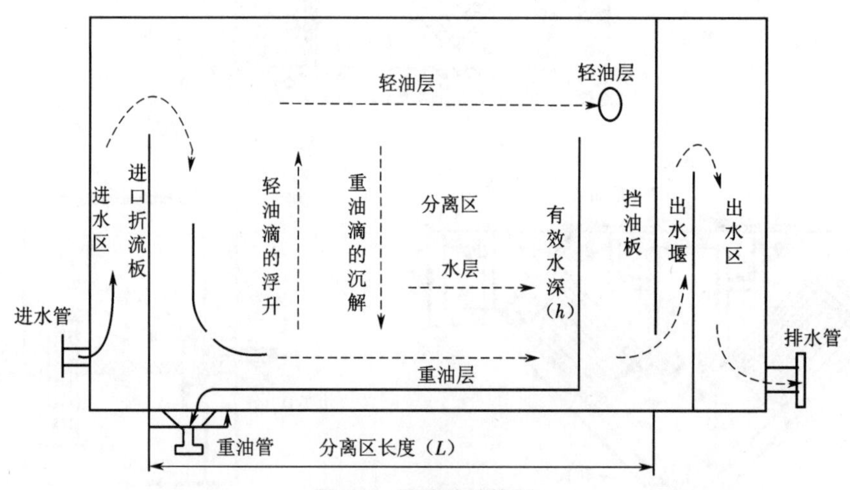

图 4-3 隔油池结构图

（2）香料废水

香料产业作为精细化工领域的一个重要组成部分，产品广泛地应用于日化行业和食品行业，特点是品种多、产量小、专用性强。特别是合成香料，生产过程中发生了一系列有机化学反应，产生了大量的有机物质，另外生产过程中还需要经常更换产品及清洗反应釜，因此产生的废水具有水质水量波动较大、COD_{Cr} 浓度较高、污染物成分较复杂、难降解物质较多、处理难度较大等特点。某香料公司主营合成香精香料及单体原料的开发和生产，厂区的生产废水主要由工艺废水、设备冲洗水、包装容器清洗水及地坪冲洗水四类构成，废水处理量设计为 120 m^3/d，该废水油类及悬浮物含量较高，工程采用“隔油—气浮—延时曝气”为主的处理工艺，工艺流程如图 4-4 所示。

生产废水自流到隔油池，隔油池具有除油及集水功能，分为 4 个室，第 1 室与第 2 室内安装斜板，用于分离废水中的大部分浮油，然后由可调式滗油器将浮油排至废油收集罐，再由用户重新回收利用。第 3 室用于稳定隔油池前端的液位，第 4 室用作水井，由潜水泵将收集的废水提升至调节池。

隔油池设计为地下式构筑物，具有隔油和集水功能，尺寸为 5 000 mm× 3 700 mm× 3 500 mm，有效容积为 50 m^3。隔油池内设置玻璃钢（FRP）斜板隔油，斜板长度为 1 400 mm，间距为 12 mm，倾角为 45°，有效容积为 5.5 m^3。集水井内设置提升泵 2 台，1 台用 1 台备，流量为 20 m^3/h，扬程为 12 m，功率为 2.2 kW。

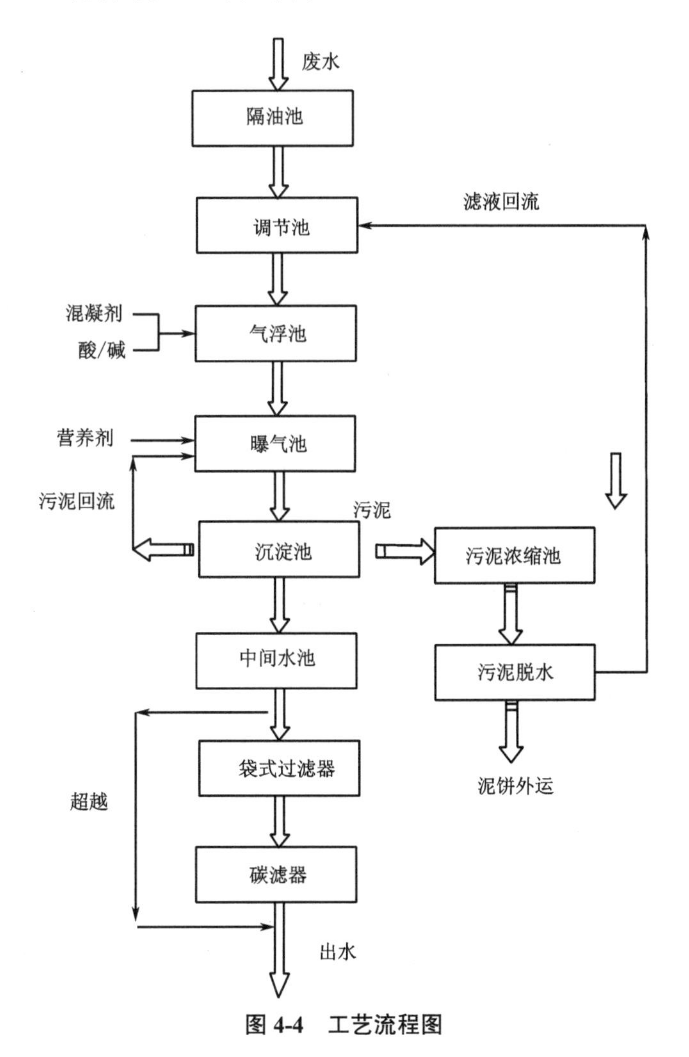

图 4-4　工艺流程图

4.1.2 混凝法

1. 技术原理

混凝法是指通过向水中投加一些药剂(通常称为混凝剂及助凝剂),使废水中的胶体和细微悬浮物凝聚成絮凝体,然后予以分离去除的水处理方法。混凝法不但可以去除废水中的粒径为 10^{-6}~10^{-3} mm 的细小悬浮颗粒,而且还能够降低色度、浑浊度,去除油分、微生物、氮和磷等富营养物质、重金属以及有机物等。

按作用机理,混凝可分为压缩双电层、吸附电中和、吸附架桥和沉淀网捕四种。

(1)压缩双电层机理

混凝剂投入水体后,水体中与胶体电荷相反的离子浓度增加,由于浓度扩散作用和异号电荷相吸作用,这些离子可与胶体吸附的反离子发生交换,挤入扩散层,使扩散层厚度缩小,进而更多地挤入滑动面和吸附层,使胶粒带电荷数减少,电位降低,就起到压缩双电层作用。压缩双电层机理是由胶体化学的聚沉双电层理论演变而来,单纯从物理的静电现象来说明电解质对胶粒脱稳的作用,不能解释体系中更复杂的胶体脱稳现象。这种机理强调了凝聚的物理作用,认为胶体颗粒间的相互作用力主要来自范德华引力和静电斥力。

(2)吸附电中和机理

吸附电中和作用是指载有负电荷的污染物分子与载有正电荷的混凝剂之间发生强烈的吸附作用,在这种吸附作用下,污染物电荷得到中和,颗粒物之间的静电斥力减小,从而导致颗粒物脱稳沉降。吸附电中和机理强调了混凝剂与胶体颗粒间存在某种专属的化学吸附作用,如表面络合、离子交换吸附和共价键结合等。无机盐混凝剂投入水体后,在水中因水解和聚合反应而发生形态的转化,水解聚合产物吸附在胶体颗粒表面,中和其电荷,从而使胶体颗粒脱稳。

(3)吸附架桥机理

有机高分子混凝剂及 Al^{3+}、Fe^{3+} 混凝剂通过水解形成具有线型结构的高分子聚合物,在各种物理化学作用下(范德华引力、静电引力、氢键、配位键等),这些高分子聚合物可强烈吸附胶体粒子。由于聚合物线性尺寸大,它的两端均可吸附胶粒,从而使得所形成的颗粒物变大,最终形成粗大的混凝体。

(4)沉淀网捕机理

当金属盐或金属氧化物和氢氧化物作混凝剂,投加大量的足以迅速形成金属氧化物或金属碳酸盐沉淀物时,水中的胶粒可被这些沉淀物在形成时所网捕。当沉淀物带正电荷时,沉淀速度可因溶液中存在阳离子而加快,此外,水中胶粒本身可作为这些金属氢氧化物沉淀物形成的核心,所以混凝剂最佳投加量与被除去物质的浓度成反比,即胶粒越多,金属混凝剂投加量越少。

上述四种混凝机理,在水处理中大多不是单独孤立的现象,而是同时存在的,只是在一定情况下以某种现象为主而已。

2. 适用范围及优缺点

(1)适用范围

混凝法主要处理废水中的细小悬浮颗粒和胶体颗粒,其粒度范围在 10^{-6}~10^{-3} mm 之间。

(2)优点

与其他物理化学方法相比,混凝法的技术优势是:

①适用范围广,各种受污染的河道都能应用,尤其适用于小型且相对封闭的水体;

②处理方法成熟稳定,净化效率高;

③操作简单;

④电耗较低。

(3)缺点

①占地较大;

②混凝法产生的化学污泥需要进行后续处理;

③投入过多的药剂时,药剂本身也会对水体造成污染;

④需要经过实验确定最佳投药量。

3. 混凝池构造及工作原理

图 4-5 所示是在高密度澄清池中进行的混凝沉淀反应,主要由反应区、斜管沉淀区以及澄清区组成。在混合反应区内靠搅拌器的提升作用完成泥渣、混凝剂、原水的快速凝聚反应,然后经叶轮提升至推流反应区进行慢速絮凝反应,以结成较大的絮凝体,再进入斜管沉淀区进行分离。澄清水通过集水槽收集进入后续处理构筑物,沉淀物通过刮泥机刮到泥斗中,经容积式循环泵提升将部分污泥送至反应池进水管,剩余污泥排放。污泥循环提高了进泥的絮凝能力,使絮状物更均匀密实;斜管布置提高了沉淀效果,具有较高的表面负荷。

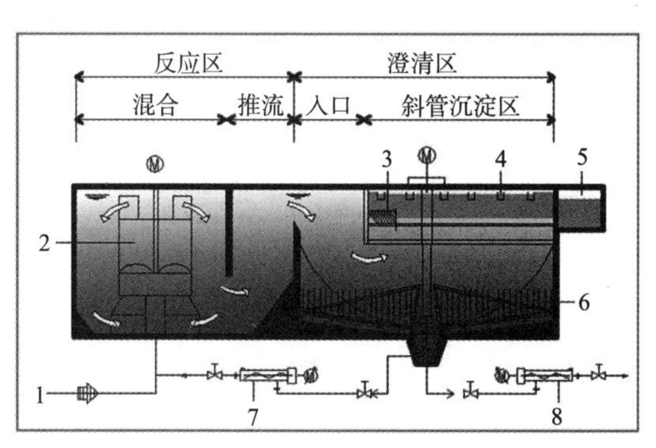

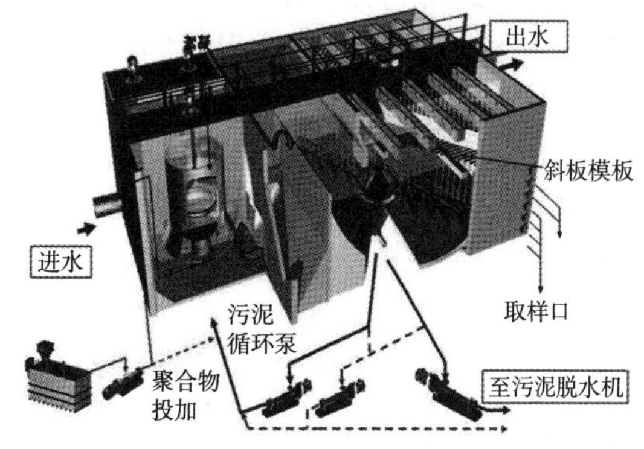

图 4-5　混凝沉淀反应池

1—进水;2—反应池;3—斜管;4—集水槽;5—出水;6—刮泥机;7—污泥循环;8—污泥排放

4. 影响因素

(1)水质

对不同水样,由于废水中的成分不同,同一种混凝剂的处理效果可能会相差很大。水中的杂质颗粒级配越单一,颗粒越小,对混凝越不利,大小不一的颗粒有利于混凝。

（2）水温

水温影响药剂在水中的碱度以及化学反应的速度，对金属盐类混凝影响很大，因其水解是吸热反应；水温影响矾花的形成和质量，水温较低时，絮凝体形成缓慢，结构松散，颗粒细小；水温低时水的黏度大，布朗运动强度减弱，不利于脱稳胶粒相互凝聚，水流剪力也增大，影响絮凝体的成长，该因素主要影响金属盐类的混凝，对高分子混凝剂影响较小。一般来说，混凝反应的原水温度最好控制在 20~30 ℃。

（3）pH 值

pH 值对悬浮颗粒的表面电荷和电位、絮凝剂的性质和作用等都有很大的影响，直接影响絮凝效果。

（4）搅拌速度和时间

混凝分为混合与反应两个过程，前者要求快速使混凝剂与水混合均匀，后者要求随着矾花的增大而逐步降低搅拌速度，以免增大的矾花重新破碎，过程时间由最佳工艺效果决定。

（5）混凝剂用量

混凝法效果一般随着混凝剂用量的增加而增强，但是混凝剂的用量达到一定值时，会出现最佳混凝效果，再增加用量反而混凝效果会下降。

5. 混凝剂的分类及作用机理

混凝剂主要分为无机混凝剂、有机混凝剂和高分子混凝剂三大类。无机混凝剂主要是一些无机电解质，如明矾、铁盐（硫酸铁，氯化铁，聚合硫酸铁，聚合氯化铁）、石灰等。作用机理是通过外加离子改变胶粒的电势，使之发生聚沉。有机混凝剂主要是一些表面活性剂，如脂肪酸钠盐、季铵盐、壳聚糖、羟甲基纤维素钠等，他们属于离子型的有机物，能显著降低胶粒的电势，并且能够强烈地吸附在胶粒表面，使胶粒周围的水层减小，容易发生聚沉。高分子混凝剂包括天然高分子化合物如明胶以及人工合成高分子，如聚丙烯酰胺。下面介绍几种化工废水混凝处理中常用的混凝剂。

（1）硫酸铝

$Al_2(SO_4)_3$ 溶于水后，离解为 Al^{3+} 和 SO_4^{2-}。Al^{3+} 很容易与极性很强的水分子形成水合络离子 $[Al(H_2O)_6]^{3+}$，酸度的变化使 $[Al(H_2O)_6]^{3+}$ 发生一系列的水解—聚合—沉淀反应，其形态转化和分布十分复杂，主要有单核羟基配合物、多核羟基配合物、氢氧化铝沉淀物聚合物等几类。

当 pH<3 时，简单水合离子 $[Al(H_2O)_6]^{3+}$ 起压缩双电层的作用；pH=4.5~6.0 时，多核羟基配合物 $[Al_2(OH)_2]^{4+}$ 等起吸附电中和作用；pH=7.0~7.5 时，电中性氢氧化铝聚合物 $[Al(OH)_3]_n$ 起吸附架桥的作用，同时，某些羟基配合物起电中和作用；pH=6.5~7.8 时，主要是吸附架桥和电中和作用，以何种为主取决于混凝剂的投加量；pH>8.5 时，水解产物以负离子形态如 $[Al(OH)_4]^-$ 存在。实际上，在一定的 pH 值时，几种作用都可能同时存在，只是程度不同。

（2）氯化铁

$FeCl_3$ 在水溶液中电离生成 Fe^{3+}，与 Al^{3+} 相似，简单的 Fe^{3+} 在水溶液中并不存在，而是以水合离子 $[Fe(H_2O)_6]^{3+}$ 的形态存在。如果溶液 pH 值升高，$[Fe(H_2O)_6]^{3+}$ 也会水解生成各种羟基铁离子，如下式所示：

$$[Fe(H_2O)_6]^{3+} \xrightarrow{-H^+} [Fe(H_2O)_5OH]^{2+} \xrightarrow{-H^+} [Fe(H_2O)_4(OH)_2]^{+} \xrightarrow{-H^+} Fe(H_2O)_3(OH)_3$$
$$\xrightarrow{-H^+} [Fe(H_2O)_2(OH)_4]^{-} \xrightarrow{-H^+} [Fe(H_2O)(OH)_5]^{2-} \xrightarrow{-H^+} [Fe(OH)_6]^{3-}$$

在水解过程中同时发生着聚合反应，最后的产物是 γ-FeOOH 的沉淀物。水中的胶体能强烈吸附水解和聚合的各种产物，被吸附的带正电的多核络离子除了能够压缩双电层，降低 ζ 电位，使胶体脱稳外，还能将两个或多个胶粒黏结，起到吸附架桥的作用。

（3）聚合氯化铝

聚合氯化铝（PAC）又称为多羟基聚合氯化铝、碱式氯化铝，分子式为 $[Al_3(OH)_nCl_{6-n}]_m$（n 为 1~5 之间的任何整数，m 为 10 的整数），是铝盐在水解—聚合—沉淀反应过程的中间产物，其化学形态属于无机高分子化合物或多核羟基络合物。其中，铝是中心离子，氢氧根和氯离子是配位体，是通过羟基架桥作用交联形成的聚合物。当 PAC 投入水中后，既提供了多核络合离子，它还会继续水解和缩聚，直至最终生成氢氧化铝沉淀。因此，PAC 水解后即可提供高价的聚合离子，也可发生压缩双电层和电中和作用，并有明显的吸附架桥作用。

（4）聚合硫酸铁

聚合硫酸铁（PFS）又称为碱式硫酸铁、聚铁，分子式为 $[Fe_2(OH)_n(SO_4)_{3-n/2}]_m$（$n<2$，$m=f(n)$），是铁（Ⅲ）盐在水解—聚合—沉淀反应动力学过程的中间产物，因此，PFS 在使用前就已经发生了水解聚合反应，并经过一段时间的陈化，其本质是羟基桥联的无机高分子化合物：

$$\left[>Fe<^{OH}_{OH}>Fe<^{OH}_{OH}>\right]^{n+}_{n/2}$$

或氧桥化的多核羟基络合物：

$$\left[>Fe<^{OH}_{O}>Fe<^{OH}_{O}>\right]_{n/2}$$

硫酸根的存在使它们易于形成更大的分子。

这些聚合羟基络离子能够强烈吸附于胶体颗粒和悬浮物表面之上，中和其表面电荷，降低 ζ 电位，使胶体脱稳而相互凝聚，此外还可以通过吸附架桥、网捕作用产生混凝沉淀。

（5）聚丙烯酰胺

聚丙烯酰胺（PAM）是一种线型高分子聚合物，产品主要分为干粉和胶体两种形式，按其结构可分为非离子型、阴离子型和阳离子型 PAM。PAM 形成的絮体强度高，沉降性能好，能提高固液分离速度，有利于污泥脱水。

PAM 用于絮凝时，与被絮凝物种类、表面性质，特别是动电位、黏度、浊度及悬浮液的 pH 值有关，颗粒表面的动电位是颗粒阻聚的原因，加入表面电荷相反的 PAM，能使动电位降低而凝聚；PAM 的吸附架桥作用是通过 PAM 分子链固定在不同的颗粒表面上，各颗粒之间形成聚合物的桥，使颗粒形成聚集体而沉降；PAM 的表面吸附作用是通过 PAM 分子上的极性基团颗粒的各种吸附。除此之外，PAM 分子链与分散相通过种种机械、物理、化学等作用，将分散相牵连在一起，形成网状。

PAM 在化工废水混凝预处理中通常被用作助凝剂，在达到同等水质的前提下，PAM 作为助凝剂与其他絮凝剂配合使用，可以大大降低絮凝剂的使用量，提高污泥的沉降性能。

6. 应用案例

（1）高浓度化工废水

高浓度的化工废水具有 COD 含量高、毒性强、难生化降解等特点。企业工艺废水实际产生量为 35 t/d，地面冲洗废水、生活污水以及初期雨水合计产生量约 50 t/d，实际废水总量将近 85 t/d。具体工艺废水水质、水量如表 4-1 所示。

表 4-1 工艺废水设计进水水质、水量

序号	废水来源	废水量（t/d）	pH 值	COD_{Cr}（mg/L）	甲醛（mg/L）	甲苯（mg/L）	全盐（mg/L）	污染物
1	邻甲基苯乙酸钠产品	20	6~9	9 500	—	—	2 100	邻甲基苯乙酸、邻甲酚
2	苯并呋喃酮产品	10	4~6	16 000	—	300	14 600	甲苯、邻羟基苯乙酸、邻氯苯乙酸
3	腰果酚环氧固化剂产品	5	6~9	28 000	500	—	4 220	甲醛

由于废水中含有较高浓度的甲苯等特征污染因子，物化预处理系统采用隔油—混凝气浮—铁碳微电解—芬顿氧化工艺。混凝反应在组合气浮池中进行，投加絮凝剂 PAC、PAM，用于进一步去除甲苯。组合气浮池尺寸为 4.0 m × 1.8 m × 2.0 m，材质为 Q235 A，煤沥青防腐，水力停留时间 7 h。

系统稳定运行期间，对预处理前后水质进行检测，进水 COD 在 14 000~18 000 mg/L，混凝沉淀池出水 COD 在 6 000~8 000 mg/L，去除率稳定在 53% 左右。

（2）江苏某化工园区废水

江苏某化工园区产业以生物医药和氟化工为主，重点发展以新药领域、医药相关领域、生物技术领域等附加值高、资源能源消耗低、具有国际先进水平的生物医药产业化项目；重点发展氟化工下游产业，包括高性能氟涂料、氟树脂等含氟材料。目前园区企业 40 余家，废水产生量 8 000~9 000 m^3/d。

化工园区污水处理厂进水水质按照园区接管标准制定，污水处理厂出水执行《太湖地区城镇污水处理厂及重点行业主要水污染物排放限值》（DB 32/1072—2018）标准。设计规模 $1 \times 10^4\ m^3/d$，设计进出水水质见表 4-2。

工程采用混凝沉淀 -A^2O- 过滤为主的处理工艺，设置混凝沉淀池 2 座，半地下钢筋混凝土结构，外形尺寸 13.25 m × 3.5 m × 4.7 m，表面负荷 0.65 $m^3/(m^2 \cdot h)$。周边传动刮泥机 2 台，PAM、PAC 和氯化钙加药系统各 1 套。GC/MS 分析表明，经过预处理，酮类和腈类显著减少，出水中有机物成分明显减少，浓度降低，整个处理系统运行良好。

表 4-2 化工园区污水处理厂设计进出水水质

项目	接管标准	排放标准
pH 值	6~9	6~9

续表

项目	接管标准	排放标准
COD（mg/L）	≤ 500	≤ 60
氨氮（mg/L）	≤ 25	≤ 15
总氮（mg/L）	≤ 40	≤ 15
总磷（mg/L）	≤ 4	≤ 0.5
氟化物（mg/L）	≤ 20	≤ 10
色度（倍）	≤ 80	≤ 50
BOD_5（mg/L）	≤ 300	≤ 20
SS（mg/L）	≤ 400	≤ 20
盐分（mg/L）	≤ 4 000	—

4.1.3　气浮法

1. 技术原理

气浮法也称浮选法，是一种高效、快速的固液分离方法。气浮法通常作为对含油废水隔油后的补充处理，经过气浮处理，可将废水含油量降到 30 mg/L 以下。

气浮法的基本原理是通过某种方式在水中产生微气泡，使其与水中的疏水性物质（即接触润湿角 θ >90° 的物质）黏附，形成整体密度小于水的浮体而上浮达到去除的目的。气浮过程大体上有以下四个步骤：

①在水中加入气浮剂或絮凝剂使细小的悬浮颗粒变成疏水颗粒或絮凝体；

②产生大量的微细气泡；

③形成良好的气泡—絮粒—水—絮凝剂的结合体；

④结合体上浮与水分离。

实现气浮分离的必要条件有两个：a. 必须向水中提供足够数量的微小气泡，气泡的直径越小越好，常用的理想气泡尺寸是 15~30 μm；b. 必须使杂质颗粒呈悬浮状态而且具有疏水性。

采用气浮法净水时，因水中存在着多种溶解性和非溶解性有机、无机杂质，净水药剂，以及大量的微细气泡，所以它们之间的混合、絮凝以及黏附的过程是一种十分复杂的物理化学过程。水中杂质、混凝剂、微气泡以及相互黏附后形成的带气絮粒的性质都会影响气浮净水的效果。

为了提高气浮效率，对废水有必要进行预处理，使污染物质呈现悬浮状态，悬浮物表面呈现疏水性。故此采用投加化学药剂来促进气浮效果。

①投加表面活性剂维持泡沫的稳定性。在气浮泡沫上升的过程中，要求泡沫稳定，所以适当投加表面活性剂有助于泡沫的稳定。

②投加混凝剂脱稳。以含油废水为例，表面活性物质的非极性端吸附在油粒上，极性端

则伸向水中，油粒外层包围了一层负电荷，增大了电位，严重阻碍了油粒间的合并，且影响油粒和气泡的黏附。因此，投加混凝剂，使废水中增加相反电荷的胶体，压缩双电层，实现电性中和，促进废水中污染物质的凝聚，促进气泡黏附。

③投加浮选剂改变颗粒表面性质。浮选剂由极性和非极性分子组成，极性基团能选择性地被亲水性颗粒物质所吸附，非极性基团朝向水，所以亲水性物质颗粒的表面积就能转化为疏水性物质而黏附在气泡上，气浮至水面。

2. 适用范围及优缺点

气浮法适用于分离废水中密度小于 1 g/mL 的悬浮物、油类和脂肪等，也可分离以分子或离子状态存在的物质，如金属离子、表面活性物质等。

气浮法分为电解气浮法、散气气浮法和溶气气浮法。电解气浮法是运行时借助电极电解作用，在两个电极区不断产生氢、氧等微气泡，废水中的悬浮颗粒黏附于气泡上上浮到水面而被去除，该技术工艺简单，设备体积小，但耗电量大；散气气浮法是空气通过微细孔扩散装置或微孔管或叶轮后，以微小气泡的形式分布在废水中进行气浮处理的过程，该技术简单易行，但气泡较大，气浮效果不好；溶气气浮法包括加压溶气气浮和溶气真空气浮，加压溶气气浮是空气在加压条件下溶于水中，而在常压下析出，溶气真空气浮是空气在常压或加压条件下溶于水中，在负压条件下析出。其中，加压溶气气浮法在化工废水处理领域应用最为广泛。与其他方法相比，它具有以下优点：在加压条件下，空气的溶解度大，形成的气泡直径小，为 20~100 μm，能够确保气浮效果；溶进的气体经骤然减压开释，产生的气泡不仅微细、粒度均匀、密集度大，而且上浮稳定，对液体扰动微小，特别适用于对疏松絮凝体、细小颗粒的固液分离；工艺过程及设备比较简单，便于治理、维护；特别是部分回流式，处理效果明显、运行稳定并能较大地节约能耗。

与重力沉淀法相比较，气浮法具有以下特点。

①不仅对难以用沉淀法处理的废水中的污染物有较好的去除效果，而且对于能用沉淀法处理的废水中的污染物往往也能取得较好的去除效果。

②气浮池的表面负荷有可能超过 12 $m^3/(m^2 \cdot h)$，水流在池中的停留时间只需要 10~20 min，而池深只需要 2 m 左右，因此占地面积只有沉淀法的 1/8~1/2，池容积只有沉淀法的 1/8~1/4。

③浮渣含水率较低，一般在 96% 以下，只有用沉淀法产生同样干重污泥体积的 1/10~1/2 倍，简化了污泥处置过程、节省了污泥处置费用，而且气浮表面除渣比沉淀池底排泥更方便。

④气浮池除了具有去除悬浮物的作用以外，还可以起到预曝气、脱色等作用，出水和浮渣中都含有一定量的氧，有利于后续处理，泥渣不易腐败变质。

⑤气浮法所用药剂比沉淀法要少，使用絮凝剂为脱稳剂时，药剂的投加方法与混凝法处理工艺基本相同，所不同的是气浮法不需要形成尺寸很大的矾花，因而所需反应时间较短。但气浮法电耗较大，一般电耗为 0.02~0.04 $kW \cdot h/m^3$。

⑥气浮法所用的释放器容易堵塞，室外设置的气浮池浮渣受风雨的影响很大，在风雨较大时，浮渣会被打碎重新回到水中。

3. 气浮池构造及工作原理

化工废水气浮处理是在气浮池内进行的,气浮池有平流式和竖流式两种,图 4-6 所示为平流式气浮池。按废水处理流程不同,气浮池与其他处理单元可以实现组合设置,如:反应—气浮—沉淀,反应—气浮—过滤等。平流式溶气气浮池以池深浅、造价低、管理方便等优点成为气浮池的首选。

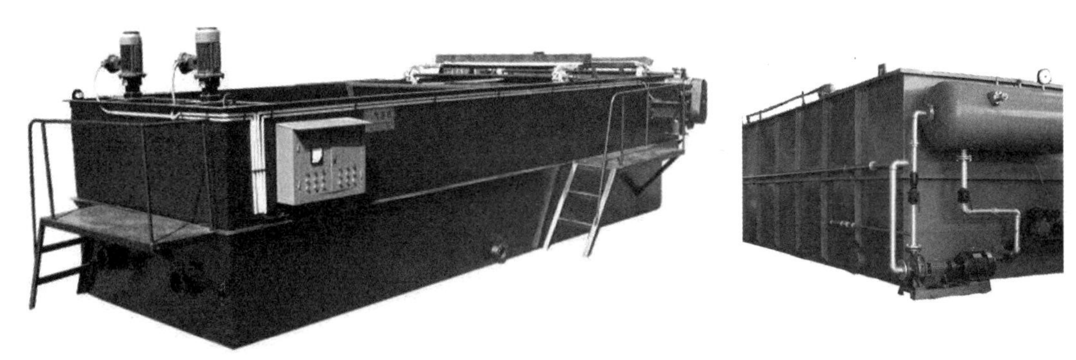

图 4-6　平流式气浮池

平流式溶气气浮池设备主体由高压溶气系统、低压释放系统、反应室、接触室、分离室、集水及液位平衡控制装置组成。气浮系统集进水、絮凝、分离、集水、出水于一体,与传统气浮设备类似,设有稳流室和溶气释放室。通过折板反应的原水,流速很高,若直接与溶气水接触,会消散微小气泡,影响气泡黏附絮块效果,从而降低气浮处理效率,若增加了稳流室,使湍流的原水动能消耗,匀速进入溶气水释放室,从而有力保证了去除效果。溶气释放室与分离室处于一个槽体,中间隔开,溶气水与絮凝完毕的原水在此黏附,缓慢上升,进入气浮分离室,保证了絮凝块与微小气泡的接触空间与时间,使溶气水的释放率达80%~100%。

平流式溶气气浮池工作原理是:废水经加药反应后进入气浮混合区,与释放后的溶气水混合接触,使絮凝体黏附在细微气泡上,然后进入气浮区。絮凝体在气浮力的作用下浮向水面形成浮渣,下层的清水经集水器流至清水池后,一部分回流做溶气使用,剩余清水通过溢流口流出。气浮池水面上的浮渣积聚到一定厚度以后,由刮沫机刮入气浮机污泥池后排出。

4. 应用案例

(1)含乳化油废水

天津市武清区某化工园区含乳化油废水 COD 为 10 000 mg/L,含油量为 4 500 mg/L,浊度为 3 800 mg/L。分别采用混凝沉淀和混凝气浮法处理该废水,混凝剂聚合氯化铝铁(PAFC)投药量为 1 000 mg/L,反应时间为 30 min,分别考察 pH 值、PAFC 加药量和反应时间对处理效果的影响,结果如图 4-7~ 图 4-9 和表 4-3 所示。

对于含油废水的处理,混凝气浮和混凝沉淀相比具有较高的浊度、COD 和油的去除率,而且乳化脱油稳定聚集后以浮油的形式悬浮于水面,可被回收利用,不仅可以抵消一部分处理成本,而且不会造成二次污染。因此,混凝气浮法更适合处理含乳化油废水。

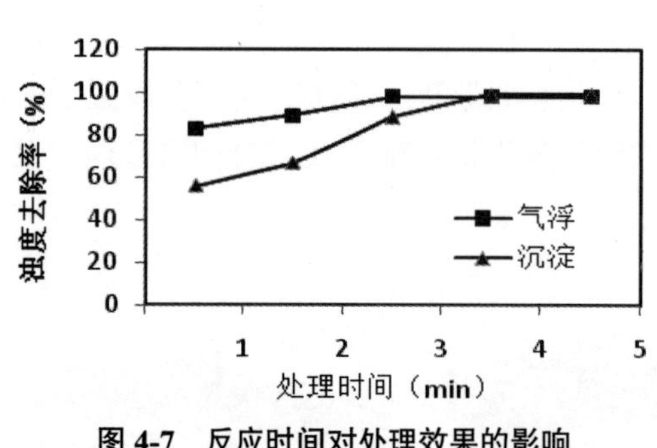

图 4-7 反应时间对处理效果的影响

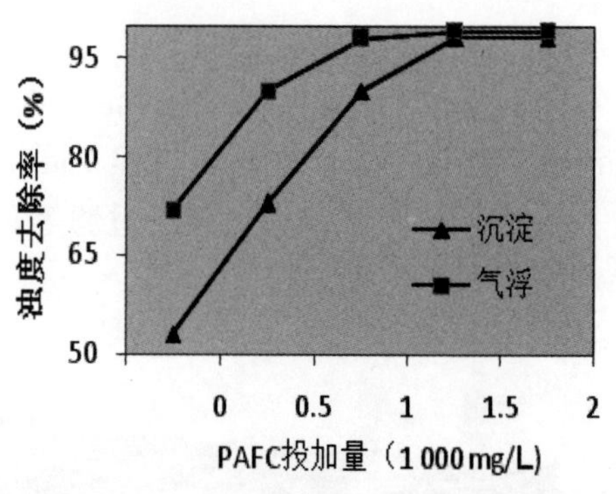

图 4-8 PAFC 投加量对处理效果的影响

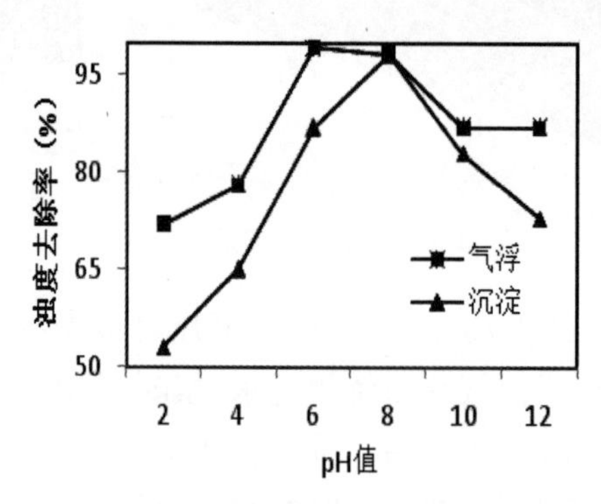

图 4-9 pH 值对处理效果的影响

表 4-3 混凝沉淀和混凝气浮处理效果对比

工艺	处理时间（min）	PAFC 用量（mg/L）	浊度去除率（%）	COD 去除率（%）	油去除率（%）	耐冲击能力
混凝沉淀	35	1 800	98.2	94.8	96.4	弱
混凝气浮	20	1 000	99.3	98.8	98.9	强

（2）化工废水

某化工集团是辽宁省最大的化工企业，具有 30 多年的发展历史，涉及化学肥料、聚烯烃树脂、精细化工、塑料加工等多种行业和生产六大类 100 多种型号的产品。为了解决企业发展带来的用水矛盾，提高水重复利用率，该集团决定建设废水处理及回用工程，对集团全部的生产和生活污水进行集中处理，利用处理后的中水代替新鲜水。

项目接纳的废水主要包括乙烯公司排水、化肥厂排水、新建乙烯工程排水、新建乙烯原料工程排水、生活污水等，处理水量合计 4.8×10^4 m³/d，处理工艺流程如图 4-10 所示。

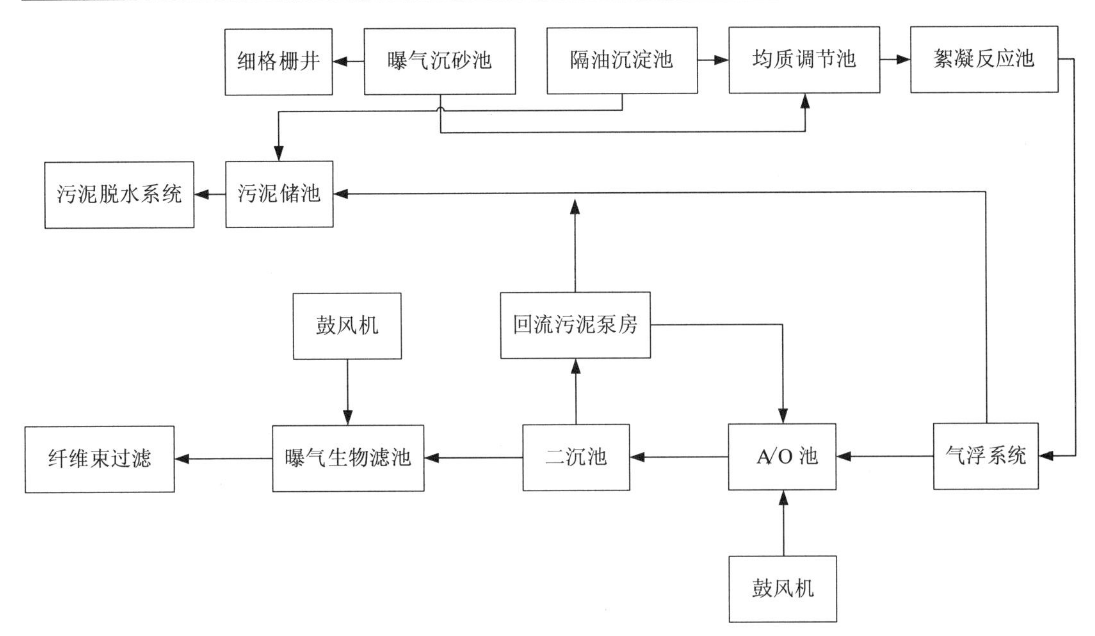

图 4-10 某化工集团废水处理工程工艺流程

为了更好地进行预处理,使处理后的废水能够进入双膜系统,该污水处理厂总进水通过依次进入细格栅井及曝气沉砂池、隔油沉淀池、均质调节池后进入气浮车间。废水在气浮车间先进入管式反应器,分别加入混凝剂和絮凝剂并与管道中的废水充分混合反应,然后进入溶气浮选机,与溶气水混合,絮体附着在小气泡上,通过设置在浮选机腔中的斜板与水分离后上浮到浮选机的表面,被自动刮渣机刮走,浮选机底部沉淀物由底部的刮泥机刮至排污阀排走。出水通过特殊设计的流道,溢流出浮选机。浮选机出水的一部分,通过特殊结构的溶气泵进行再循环(设计循环率约为20%)。在溶气泵入口端加入空气(或氮气)与回流水快速混合,溶解直至饱和。过剩的空气将通过释放阀自动排走,以维持母管内一定的溶气液位。在浮选机的底部装有先进的防堵释放器,溶气的压力水通过释放器,均匀地释放出气泡。

气浮车间共设计三套气浮装置,每套气浮装置的处理能力是700 m^3/h。气浮装置设计参数为:变化系数为1.0;设计水量为2 083 m^3/h;停留时间为11 min;循环比为20%;所需空气量为10.5 m^3/h;气浮箱体内部水头损失为0.63 m。

加药装置:气浮前投加絮凝剂PAC,PAM药液在气浮单元内调配,采用清水在药剂搅拌箱内通过搅拌机进行配置,每天调配6次,4台搅拌箱轮换调配使用。PAC药液由污水处理厂统一调配后,用管道送至气浮单元PAC搅拌箱内,设计投加量100 mg/L。

对该集团废水处理及回用工程气浮装置进出水进行连续72 h监测,运行结果表明,气浮系统可以去除75%以上的SS,95%以上的油,产生干泥量为7.94 t/d,含水率为99%,整体工程处理效果稳定,耐冲击负荷能力强,处理出水达到 $COD_{Cr} \leq 490$ mg/L、SS ≤ 46.2 mg/L、石油类 ≤ 1 mg/L。

4.2 预处理解毒技术

高浓度难降解有机废水指化学需氧量大于 2×10^3 mg/L 且可生化性较差，BOD_5/COD<0.3 的废水。石化、制药、精细化工、炼化等化工行业主要生产工段的出水 COD 浓度一般在 3×10^3~5×10^3 mg/L 以上，有的工段出水超过 10×10^3 mg/L，甚至有的高达 10×10^4 mg/L。即使是各工段的混合水，一般也在 2×10^3 mg/L 以上，这些废水可生化性较差，属于典型的高浓度难降解有机废水。

高浓度难降解有机化合物是高浓度难降解有机化工废水中污染物的主要成分，它们能在水体中长期残留，形式复杂多样，毒性高，可以不断积累，并挥发到空气中，造成大气污染。化工行业废水中的难生物降解有机污染物种类较多，如腈纶废水中的低聚物，农药废水中的二硫代磷酸酯类，染料废水中的蒽醌、芳烃，焦化废水中的吡啶、联苯等。

预处理解毒的目的就是最大限度地去除或转化这些有毒难降解物质，降低污染物浓度及废水的毒性，提高废水的可生化性，使废水适宜于生化处理。化工行业常用的预处理解毒技术包括水解酸化、芬顿（Fenton）氧化、微电解、臭氧催化氧化、电催化氧化等。

4.2.1 水解酸化

1. 技术原理

高分子有机物的厌氧降解过程可以分为四个阶段：水解阶段、发酵（或酸化）阶段、产乙酸阶段和产甲烷阶段。

（1）水解阶段

水解可定义为复杂的非溶解性的聚合物被转化为简单的溶解性单体或二聚体的过程。高分子有机物因相对分子量巨大，不能透过细胞膜，因此不可能为细菌直接利用。它们在水解阶段被细菌胞外酶分解为小分子。例如，纤维素被纤维素酶水解为纤维二糖与葡萄糖，淀粉被淀粉酶水解为麦芽糖和葡萄糖，蛋白质被蛋白质酶水解为短肽与氨基酸等。这些小分子的水解产物能够溶解于水并透过细胞膜为细菌所利用。水解过程通常较缓慢，多种因素如温度、有机物的组成、水解产物的浓度等可能影响水解的速度与水解的程度。

（2）发酵（或酸化）阶段

发酵可定义为有机化合物既作为电子受体也是电子供体的生物降解过程，在此过程中溶解性有机物被转化为以挥发性脂肪酸为主的末端产物，因此这一过程也称为酸化。酸化阶段，小分子的化合物在酸化菌的细胞内转化为更为简单的化合物并分泌到细胞外。发酵细菌绝大多数是严格厌氧菌，但通常有约 1% 的兼性厌氧菌存在于厌氧环境中，这些兼性厌氧菌能够起到保护严格厌氧菌免受氧的损害与抑制。这一阶段的主要产物有挥发性脂肪酸、醇类、乳酸、二氧化碳、氢气、氨、硫化氢等，产物的组成取决于厌氧降解的条件、底物种类和参与酸化的微生物种群。

(3)产乙酸阶段

在产氢产乙酸菌的作用下,发酵阶段的产物被进一步转化为乙酸、氢气、碳酸以及新的细胞物质。

(4)产甲烷阶段

这一阶段,乙酸、氢气、碳酸、甲酸和甲醇被转化为甲烷、二氧化碳和新的细胞物质。

可以看出,水解阶段是高分子有机物降解的必经过程,高分子有机物想要被微生物所利用,必须先水解为小分子有机物,这样才能进入细菌细胞内进一步降解。酸化阶段是有机物降解的提速过程,因为它将水解后的小分子有机物进一步转化为简单的化合物并分泌到细胞外。

水解酸化工艺的基本原理就是通过控制 pH 值、温度、氧化还原电位及水力停留时间等条件,将有机物的厌氧分解控制在反应时间较短的水解和酸化阶段,即在大量水解细菌、酸化菌作用下将不溶性有机物水解为溶解性有机物。厌氧水解酸化过程中,难生物降解的大分子物质通过厌氧微生物水解和酸化作用转化为易生物降解的小分子物质,从而改善有机废水的可生化性,为后续生物处理奠定良好基础。水解酸化处理作为生化反应的预处理工艺,由于不需曝气而大大降低了运行成本,可显著提高废水的可生化性,降低后续生物处理的负荷,大量削减后续好氧处理工艺的曝气量,降低工程投资和运行费用,因而,广泛地应用于难生物降解的化工废水处理中,图 4-11 所示是水解酸化池。

水解酸化法处理废水的工艺流程示意如图 4-12 所示。水解酸化前的预处理工艺包括固液分离、沉砂、水质水量调节等。按照《水解酸化反应器污水处理工程技术规范》(HJ 2047—2015),水解酸化反应器可分为升流式水解酸化反应器、复合式水解酸化反应器和完全混合式水解酸化反应器;按水力流态可分为上升流、污泥床和完全混合;按布水方式可分为布水器、堰配水、穿孔管、机械配水和完全混合;按有无填料可分为有填料和无填料。处理化工废水时,可根据废水水质、水量等情况选用适宜的水解酸化反应器,若反应器中污泥增长缓慢可采用复合式水解酸化反应器。

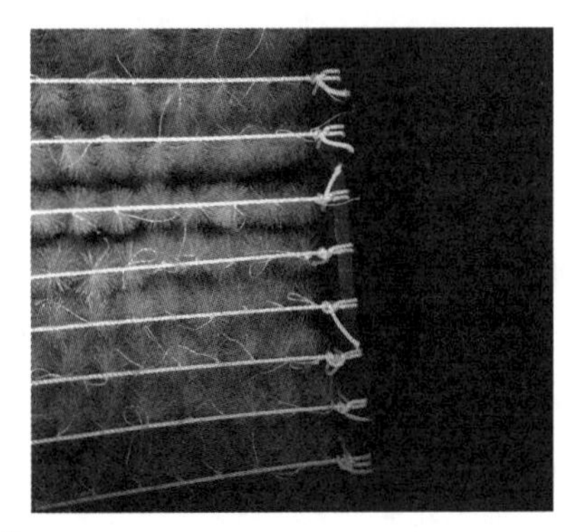

图 4-11 水解酸化池

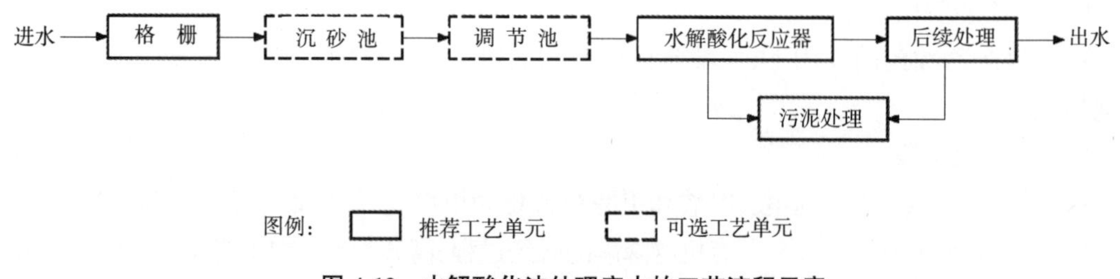

图 4-12 水解酸化法处理废水的工艺流程示意

2. 适用范围及优点

（1）适用范围

水解酸化法适用于在常温条件下中低浓度化工废水的预处理，可去除悬浮物、降解有机物、提高废水的可生化性。要求进水 pH 值宜为 5.0~9.0，COD：N：P 宜为 100~500：5：1。

（2）优点

水解酸化工艺与单独的厌氧工艺相比，具有以下优点。

①水解酸化阶段所产生的产物主要为小分子有机物，可生物降解得到进一步提高，从而减少了后续好氧处理的反应时间和降低了处理能耗。

②水解过程能较好地适应悬浮颗粒物的存在，同时能较好地降解这部分物质，从而减少了污泥量，降低了污泥的 VSS，水解酸化反应器一般不需要加热，产生剩余污泥量少，可在常温下，使固体颗粒物迅速水解，实现废水污泥一次处理。

③水解酸化反应器不需要严格的密闭，不需要复杂的搅拌机构，不需要水、气、固三相分离器，降低了造价，便于维护，适用于大、中、小型污水厂。

④水解酸化进水并不需要严格厌氧，包括具有氧化作用的化合物，如硝态氮、亚硝态氮等。反应控制在水解酸化阶段时，在许多情况下，酸化过程也不完全。因此甲烷化过程基本不发生，也就没有产气过程，出水的不良气味较厌氧发酵少很多。

⑤水解酸化反应迅速，水力停留时间短，故水解反应器的体积小，节省基建投资。

3. 水解酸化反应池构造及工作原理

图 4-13 所示为升流式水解酸化反应池结构示意图。升流式水解酸化反应池主要由池体、布水装置、出水收集装置、排泥装置组成。水解酸化池内分污泥床区和清水层区，待处理废水以及滤池反冲洗时脱落的剩余微生物膜由反应器底部进入池内，并通过带反射板的布水器与污泥床快速而均匀地混合。污泥床较厚，类似于过滤层，从而将进水中的颗粒物质与胶体物质迅速截留和吸附。由于污泥床内含有高浓度的兼性微生物，在池内缺氧条件下，被截留下来的有机物质在大量水解—产酸菌作用下，将不溶性有机物水解为溶解性物质，将大分子、难于生物降解的物质转化为易于生物降解的物质；同时，生物滤池反冲洗时排出的剩余污泥（剩余微生物膜）菌体外多糖黏质层发生水解，使细胞壁打开，污泥液态化，重新回到废水处理系统中被好氧菌代谢，达到剩余污泥减容化的目的。

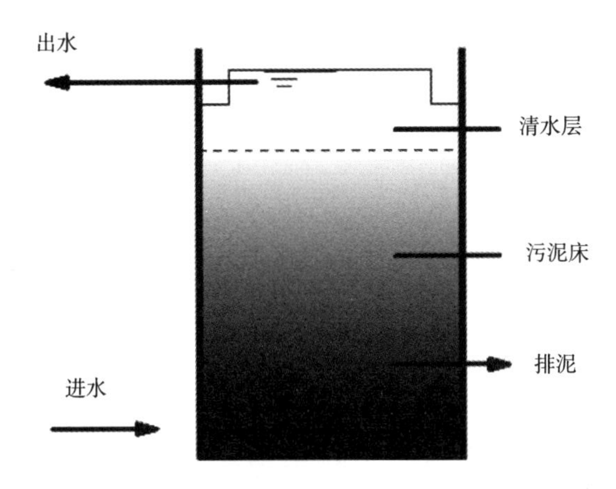

图 4-13　升流式水解酸化反应池结构示意

升流式水解酸化反应池形状宜为圆形或矩形，矩形反应池的长宽比宜为 1 : 1~5 : 1，有效容积宜采用水力负荷或水力停留时间法计算，建筑材料可采用钢筋混凝土或不锈钢、碳钢加防腐涂层等材料，有效水深宜为 4~8 m，超高 0.5~1.0 m，对于难降解化工废水，非溶解性 COD 比例 <30% 的情况下，水力停留时间要大于 10 h，废水上升流速宜为 0.3~ 1.5 m/h。

为提高水解酸化池的处理效果可采用以下措施。

①水解酸化池底部安装大阻力布水系统，利用二沉池的回流污泥搅动水解酸化池底部的污泥，使其处于悬浮状态并且与进入的废水充分混合，从而提高了水解酸化池的处理效果，减轻后续好氧处理的负荷。二沉池的污泥回流水解酸化池，可以增加水解酸化池内的污泥浓度、提高处理效果，同时使污泥得到消化，减少了剩余污泥的排放量并降低了污泥处理费用，从而减少了运行费用。

②在水解酸化池内安装弹性填料，对搅动的废水进行水力切割，使悬浮状态的污泥与水充分混合，为水解酸化菌的生长提供有利条件。

水解酸化反应池在运行过程中会出现污泥生长过慢、反应器过负荷、污泥活性不够、污泥流失等问题，表 4-4 所示为水解酸化处理中存在的典型问题和解决方法。

表 4-4　水解酸化处理中存在问题及解决方法

存在问题	原　因	解决方法
污泥生长过慢	1. 营养物不足，微量元素不足 2. 进液酸化度过高 3. 种泥不足	1. 增加营养物和微量元素 2. 减少酸化度 3. 增加种泥
反应器过负荷	反应器污泥量不够	增加种污或提高污泥产量
污泥活性不够	1. 温度不够 2. 产酸菌生长过快 3. 营养或微量元素不足	1. 提高温度（南方无此问题） 2. 控制产酸菌生长条件 3. 增加营养物和微量元素
污泥流失	1. 气体集于污泥中，污泥上浮 2. 产酸菌使污泥分层 3. 污泥脂肪和蛋白过大	1. 增加污泥负荷，增加内部水循环 2. 稳定工艺条件增加废水酸化程度 3. 采取预处理去除脂肪蛋白

续表

存在问题	原　因	解决方法
污泥扩散颗粒、污泥破裂	1. 负荷过大 2. 过度机械搅拌 3. 有毒物质存在 4. 预酸化突然增加	1. 稳定负荷 2. 改为水力搅拌 3. 废水清除毒素 4. 应用更稳定酸化条件

4. 应用案例

(1)混合化工废水

某大型化工企业污水处理厂所处理的混合化工废水中含有大量有毒有害物质,污染物浓度高、可生化性差(B/C 值 0.1~0.2),废水水量大,水质成分复杂多变。由于原废水处理工艺采用传统活性污泥法,NH_3-N 去除率低,造成大量超标废水排入水体。现采用水解酸化+A/O 的处理工艺,工艺流程如图 4-14 所示。

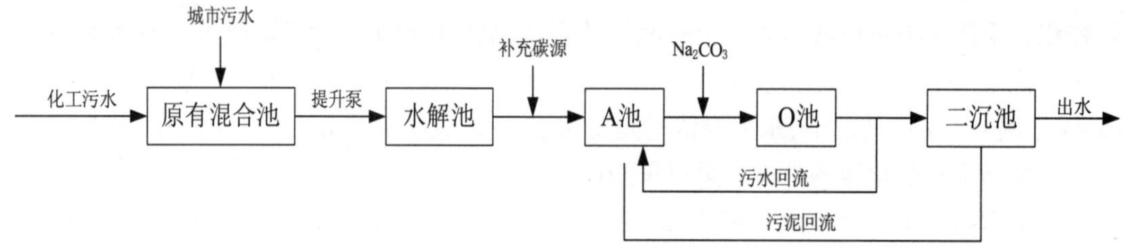

图 4-14　废水处理工艺流程

为了加快系统的启动速度,缩短微生物的驯化周期,直接用泵将原废水处理曝气池中混合液提至水解池,3 天后,水解池中积存了一些污泥,池中活性污泥浓度已达到 3 kg/m³。此时为了与原有污水处理厂曝气停留时间保持一致,进水流量采用了 3 m³/h,开启内回流 6 m³/h 及污泥回流 1.5 m³/h,气水比为 7∶1。20 天后开始跟踪监测。

在驯化初期,水解污泥还未成熟,对于原水中的 COD_{Cr} 有一定的去除效果,仅仅是污泥层对悬浮物的拦截作用,随着运行时间的加长,水解后的 COD_{Cr} 值比原水 COD_{Cr} 有所上升,说明水解酸化菌开始了作用,即将一些苯环物质水解断链。由于系统启动是直接抽取原污水处理厂曝气池的混合液,好氧段活性污泥浓度达 3 kg/m³,此阶段 COD_{Cr} 出水水质基本达标。出水 NH_3-N 浓度高于进水 NH_3-N 浓度,而随时间推移,系统逐渐有硝化菌生成,表现为出水 NH_3-N 浓度开始下降,并低于进水阶段。污水处理厂针对在微生物驯化初期阶段暴露出来的一些问题,及时进行了调整,采取了给系统加温、在好氧段增加填料、曝气池分段等措施,使系统逐渐进入运行平稳期。

水解酸化+A/O 的处理新工艺不仅将废水中难生物降解的大分子有机物分解为易于生物降解的小分子有机物,提高废水的可生化性,B/C 值由 0.2 提高到 0.37,而且使废水中有机氮氨化,保证二沉池出水 NH_3-N 稳定达标。

(2)化工园区污水处理厂

江苏省某化工园区污水处理厂的进水(格栅后),COD 260~815 mg/L、NH_3-N 19.15~

40.41 mg/L、TN 22.51~50.66 mg/L、TP 0.79~3.21 mg/L、BOD_5/COD 0.1~0.3、pH 值 7.68~8.42。该污水处理厂主要收集园区工业废水及周边部分村镇生活污水，在集水池混合后处理。其中，化工废水占 50% 以上，主要来自某化工集团公司内部 31 家企业的生产废水。该公司主要生产合成树脂、光固化树脂及单体、环氧树脂、饱和及不饱和树脂、溶剂等产品，其预处理站采用“水解酸化—UASB—AO”工艺，出水流入园区污水处理厂。

园区污水处理厂采用“循环式复合水解酸化—CASS—絮凝沉淀”组合工艺。循环式复合水解酸化反应器采用沟渠形式，中间用隔板分开，隔板两侧悬挂组合式多孔环填料，在两端搅拌机的作用下废水像在氧化沟里一样可以按照搅拌方向循环流动，出水侧废水经挡板折流向上流动，水中夹杂的污泥被悬浮球状填料多面空心球截留后溢流出水。组合式填料有利于水解酸化细菌的附着生长，提高反应器中的微生物浓度，形成污泥和生物膜共存的系统，废水循环流动保证了泥水充分接触以及生物膜的更新，提高了水解酸化效率。

循环式复合水解酸化反应器对 BOD 的去除率明显小于对 COD 的去除率，这说明在水解酸化过程中，可生物降解的有机物被生物利用的量要小于转化的量，水解酸化工艺有效地提高了废水的可生化性，基本实现了水解酸化预处理的目的。

“循环式复合水解酸化—CASS—絮凝沉淀”组合工艺对于化工园区废水有着较好的处理效果，平均 COD、氨氮、TN、TP 的去除率分别高达 83.29%、95.34%、61.29%、82.70%，平均出水 COD、氨氮、TN、TP 分别为 56.2 mg/L、1.27 mg/L、14.34 mg/L、0.33 mg/L，出水水质接近 GB18918—2002 的一级 A 标准。

4.2.2　Fenton 氧化

1. 技术原理

Fenton 技术起源于 19 世纪 90 年代中期，由法国科学家 H.J.Fenton 提出，在酸性条件下，H_2O_2 在 Fe^{2+} 离子的催化作用下可有效地将酒石酸氧化，随后又发现这种组合形式对其他多种有机物的氧化都有很明显的效果，因此，这种利用 Fe^{2+}/H_2O_2 联合反应的体系就被称为 Fenton 氧化。Fenton 试剂是由 H_2O_2 和 Fe^{2+} 构成，在酸性条件下，H_2O_2 被 Fe^{2+} 催化分解，得到氧化能力极强的羟基自由基（·OH），而后氧化废水中的有机物。产生羟基自由基反应式为：$Fe^{2+}+H_2O_2 \longrightarrow Fe^{3+}+OH^-+\cdot OH$。相比较于单独的双氧水氧化，加入 Fe^{2+} 作为催化剂，有效地扩大了 H_2O_2 的使用范围和氧化程度，对于一些较难氧化的有机物（如苯酚类、苯胺类）来说，Fenton 法不仅效果好，而且可控性较好，符合当今社会对绿色化学技术的发展要求。随着人们对 Fenton 法研究的深入，近年来又把紫外光（UV）、微波辐射、电解、草酸盐等引入 Fenton 法中，使 Fenton 法的氧化能力大大增强。

Fenton 氧化在水处理中的作用主要包括对有机物的氧化和絮凝作用。一方面，在酸性的水溶液体系中，H_2O_2 在 Fe^{2+} 的催化作用下产生的·OH 可以氧化分解水体中的有机污染物；另一方面，反应过程中生成的氢氧化铁胶体具有絮凝、吸附功能，也可以去除废水中的有机污染物。应用 Fenton 氧化技术预处理高浓度难降解化工废水，在削减部分 COD 的同时能提高废水的可生化性，保障后续工艺的正常进行或达标排放。图 4-15 所示为 Fenton 反应装置。

图 4-15 Fenton 反应装置

2. 适用范围及优缺点

（1）适用范围

Fenton 氧化产生的·OH 对目标污染物基本无选择性，适用于难降解化工废水的预处理及深度处理。

（2）Fenton 氧化法的技术优势

①氧化能力强。·OH 的氧化还原电位为 2.8 V，仅次于氟（2.87 V），这意味着其氧化能力远远超过普通的化学氧化剂，能够氧化绝大多数有机物，而且可以引发后面的链反应，使反应能够顺利进行。

②氧化速率快。H_2O_2 分解成·OH 的速度很快，氧化速率也较高。一方面，·OH 与不同有机物的反应速率常数相差很小，反应异常迅速；另一方面，也表明·OH 对有机物氧化的选择性很小，一般的有机物都可氧化。

③适用范围广。·OH 具有很高的电负性或亲电性，很容易进攻高电子云密度点，这一特点决定了 Fenton 试剂在处理含硝基、磺酸基、氯基等电子密度高的有机物的氧化方面具有独特优势。

④对废水中干扰物质的承受能力较强。既可以单独使用，也可以与其他工艺联合使用，以降低成本，提高处理效果。

（3）Fenton 技术应用的缺点

①体系处理成本偏高。除 Fenton 试剂本身的成本外，由于反应条件相对苛刻，如反应的 pH 值环境，体系中存在的阴离子的影响等，要达到适宜的反应条件和合理的处理效果还会带来额外的成本增加。

② H_2O_2 的利用率偏低，·OH 的生成率低。

③通常 Fenton 试剂反应会产生大量的铁泥，这些铁泥处理不当会带来二次污染。

3. 影响因素

（1）pH 值

一般认为，Fenton 试剂在初始 pH 值为 3~5 之间时氧化催化效果最好，而这一条件与所处理的有机物种类无直接关系。一方面,反应系统初始 pH 值过高,会抑制羟基自由基(·OH)的产生;初始 pH 值过低,则会破坏 Fe^{2+} 与 Fe^{3+} 之间的转换平衡,影响催化反应的进行,从而降低了 COD_{Cr} 去除率,不利于氧化。另一方面,通过调节反应终止时的 pH 值,可实现 Fe^{2+} 向 $Fe(OH)_3$ 的转化,利用 $Fe(OH)_3$ 的絮凝作用,既可解决 Fe^{3+} 带来的色度问题,又在一定程度上促进加强 Fenton 试剂的后处理效果,从而进一步提高 COD_{Cr} 的去除率。

(2)Fenton 试剂比

H_2O_2 与 Fe^{2+} 的结合,即为 Fenton 试剂,其中 Fe^{2+} 离子主要是作为同质催化剂,而 H_2O_2 则起氧化作用。Fenton 试剂具有极强的氧化能力,特别适用于某些难生物降解的或对生物有毒性的化工废水的处理上。

当 Fe^{2+} 和 H_2O_2 投加量较低时,·OH 产生的数量相对较少,反应效率低。但同时 H_2O_2 又是·OH 的捕捉剂,H_2O_2 投量过高会使最初产生的·OH 泯灭。若 Fe^{2+} 的投加量过高,则在高催化剂浓度下,初始反应时从 H_2O_2 中能迅速地产生大量的活性·OH,而· OH 同基质的反应相对较慢,使未消耗的游离·OH 积聚,并彼此相互反应生成水,致使一部分最初产生的· OH 被消耗掉,降低·OH 的利用率,并且 Fe^{2+} 投加量过高还会使水的色度增加。故在实际应用中应严格控制 Fe^{2+} 与 H_2O_2 的投加量与投加比例,或采用分批次投加 Fenton 试剂的方式,有利于提高废水的氧化降解效率。

(3)反应温度

根据反应动力学原理,随着温度的增加,反应速度加快。但对于 Fenton 试剂这样的复杂反应体系,温度升高,不仅加速正反应的进行,也加速副反应的进行。因此,温度对 Fenton 试剂处理废水的影响非常复杂。适当的提高温度可以激活·OH 自由基,加速氧化反应的进行,然而温度过高会使 H_2O_2 分解成 H_2O 和 O_2,降低氧化反应效率。

影响 Fenton 试剂处理效果的因素还有诸如有机物的浓度、停留时间、压力等,因此,在工程实践中需要综合考虑多种因素以确定最佳的处理工艺,才能取得良好的经济运行效果。

4. 应用案例

(1)高浓度化工废水

有机化工厂和有机助剂厂在石油化工企业中占据着重要的地位,其产品主要是化学试剂、化工中间产品,或者生产合成材料的单体,在石油化工产品链上不可或缺。这类高浓度有机化工废水水质复杂,污染物种类多,废水的 COD 含量高(多数可达几千至十几万), pH 值变化大,所含的污染物大都为难以生物降解的有机物。Fenton 试剂法具有处理效果好、反应物易得、无需复杂设备、对后续的处理无毒害作用且对环境友好等优点,特别适用于提高难降解有机物的可生化性。石化企业一直将这种高浓度有机化工废水混入炼油废水中一并处理或以集中外运的方式进行处理。但随着企业废水治理技术的发展,企业排水水质标准大幅提高,高浓度有机化工废水的混入直接影响下游污水厂的稳定达标排放,集中外运虽然可以解决这一问题,但也面临处理成本高和污染物转移的风险。因此,高浓度有机化工废水的治理一直是石化企业废水处理面临的难题,也是实现企业废水稳定达标排放的瓶颈。

采用 Fenton 法对兰州石化化工园区助剂厂和精细化工厂的高浓度有机化工废水进行预处理,在 pH 值为 4.0、双氧水投加量为 10 mL/L、$n[Fe]/n[H_2O_2]$ 比为 1∶10、反应时间为

60 min 的最佳工艺条件下，废水的 COD 去除率达到了 41.39%。废水可生化性有较大的提高，从而利于后续的生化处理。

（2）化工园区污水处理厂

化工园区位于东部地区，废水主要来源精细化工、医药中间体、农药原药及中间体等化工企业的排水。在企业生产过程中，可能会因为厂内废水处理预处理系统发生事故导致高 COD 废水进入园区污水处理厂影响生化处理效果，为此，园区污水处理厂通过“微电解 +Fenton 氧化 + 中和沉淀”预处理企业超标排放的高 COD 化工废水。

预处理系统主要构筑物为铁碳微电解反应器及配套搅拌装置、铁粉加药装置、Fenton 反应池及空气曝气搅拌系统、双氧水加药装置、中和反应池和搅拌装置、沉淀池及刮泥机、液碱加药装置、污泥泵、压滤机置等。

经过微电解处理后的高 COD 化工废水与园区化工企业排放的普通化工废水（COD 约为 800 mg/L 左右）以 1∶5 混合，混合后废水 COD 在 1 300 mg/L 上下波动，BOD 约为 380 mg/L，经 Fenton 氧化处理后，出水 COD 约为 700 mg/L，BOD 约为 330 mg/L，B/C 比提高到 0.47，COD 去除率达 45.0%，为后续预处理过程减轻了大量负荷。

“微电解 +Fenton 氧化 + 中和沉淀”能够将进水 COD 浓度约 5 100 mg/L 的废水最终处理为 500 mg/L 以下，有效降低了高 COD 废水对园区生化处理系统的冲击，保证园区污水处理厂稳定运行，在促进地方经济效益和环境效益的同时，也为同类化工园区提供了运行经验。

4.2.3 微电解

1. 技术原理

微电解法又称内电解法、腐蚀电池法、铁碳法、铁屑过滤法等，是从 20 世纪 70 年代初开始随着铁在废水处理中的应用而逐渐发展起来的新型废水处理技术，是处理高浓度化工废水的一种理想工艺。该工艺用于高盐、难降解、高色度废水的处理，不但能大幅降低 COD 和色度，还可大大提高废水的可生化性。微电解法是在不通电的情况下，利用微电解设备中填充的微电解填料产生“原电池”效应对废水进行处理。当通水后，在设备内会形成无数的电位差达 1.2 V 的“原电池”。“原电池”以废水作电解质，通过放电形成的电流对废水进行电解氧化和还原处理，以达到降解有机污染物的目的。在处理过程中产生的新生态 [·OH]、[H]、[O]、Fe^{2+}、Fe^{3+} 等能与废水中的许多组分发生氧化还原反应，比如能破坏有色废水中有色物质的发色基团或助色基团，甚至断链，达到降解脱色的作用。生成的 Fe^{2+} 进一步氧化成 Fe^{3+}，它们的水合物具有较强的吸附—絮凝活性，特别是在加碱调 pH 值后生成氢氧化亚铁和氢氧化铁胶体絮凝剂，絮凝能力远远高于一般药剂水解得到的氢氧化铁胶体，能大量絮凝水体中分散的微小颗粒、金属粒子及有机大分子，其工作原理基于电化学、氧化—还原、物理以及絮凝沉淀的共同作用。图 4-16 所示为微电解填料及反应装置。

图 4-16　微电解填料及反应装置

2. 适用范围及优缺点

(1)适用范围

微电解技术是目前处理难降解化工废水的较为理想的工艺,可广泛应用于化工废水的预处理和深度处理中。

(2)微电解技术的优势

①无需高温高压,反应速率快,一般废水只需要半小时至数小时。

②作用有机污染物质范围广,如:含有偶氟、碳双键、硝基、卤代基结构的难降解有机物质等都有很好的降解效果。

③工艺流程简单,使用寿命长,投资费用少,操作维护方便,运行成本低,处理效果稳定。处理过程中消耗少量的微电解填料,填料只需定期添加,无需更换,添加时直接投入即可。

④废水经微电解处理后会在水中形成原生态的亚铁或铁离子,具有比普通混凝剂更好的混凝作用,无需再加铁盐等混凝剂,COD 去除率高,并且不会对水造成二次污染。

⑤具有良好的混凝效果,色度、COD 去除率高,可在很大程度上提高废水的可生化性。

⑥该方法可以达到化学沉淀除磷的效果,还可以通过还原反应除重金属。

⑦对已建成未达标的高浓度有机废水处理工程,用该技术作为已建工程废水的预处理,即可确保废水处理后稳定达标排放。也可将生产废水中浓度较高的部分废水单独引出进行微电解处理。

⑧如果微电解后续处理工艺采用普通的生物处理时,当铁离子进入生物污泥后形成生

物铁絮体，使污泥沉降性能和压实性能都得到改善，易形成浓度较高的污泥，且含水率也降低，可以减少污泥的处理费用。

（3）微电解技术在实际应用中的缺点

①钝化现象。微电解技术进行废水处理时，在铁屑表面会形成一层钝化膜，这层膜阻断了水中污染物质与铁屑的接触，从而对处理效果产生影响。

②铁屑板结和填料床沟流。当用铁碳床处理废水时，会发现铁碳床板结成为一个整体，出现沟流的现象，影响处理效果，并且底部的铁屑压实作用过大，易结块，需要定期反冲洗。

③废渣处理。微电解处理废水通常是在酸性条件下进行的，Fe 的溶出量大，加碱中和时产生的沉淀物较多，存在废渣的后续处理处置问题。

④填料补充与更换问题。目前微电解采用的填料主要是比表面积较大的粒状混合填料，需要定期的补充与更换。

3. 影响因素

（1）pH 值

进水 pH 值是微电解技术的一个关键条件，直接影响铁屑对废水的处理效果。

从金属腐蚀学角度分析，铁在所有的 pH 值范围内，都有腐蚀的可能性，但腐蚀速率的大小有所不同。铁在 pH 值为 2~4 时腐蚀速率最大，pH 值为 5~9 时有一段比较稳定的腐蚀速率，在碱性较强时，随着 pH 值升高，腐蚀速度呈下降趋势，在碱性极强时，腐蚀速度又会上升。

pH 值范围不同时，其反应机理及产物形式也存在很大差异。当 pH 值低时，存在大量的 H^+，会加快铁的腐蚀和微电解反应的进行，有利于废水中有机物的去除；但是 pH 值并不是越低越好，在强酸性条件下，铁离子酸溶出占主导地位，电化学溶出较少。由于铁离子酸溶出时的产氢速率较大，形成了氢气对铁屑的包裹作用，而有机物的降解一般都是在铁屑表面发生的，因此阻碍了液相中有机污染物与铁屑固相表面的充分接触；同时强酸性条件会破坏微电解反应后生成的絮体，产生有色的 Fe^{2+}，反而使处理效果变差。当 pH 值在中性或碱性条件下，许多实例证明处理效果不理想或根本不发生反应，因此，一般控制 pH 值在偏酸性条件下。

（2）水力停留时间

水力停留时间（HRT）也是影响微电解处理效果的一个重要因素。如何控制水力停留时间，对微电解池的容积、铁碳的耗损有直接关系。水力停留时间越长，氧化还原等作用进行得越彻底，但是过长的停留时间又会使铁的消耗量增加，导致 Fe^{2+} 大量溶出，消耗了水中的 H^+，反而不利于微电解反应的进行。从实际工程和文献来看，最佳 HRT 一般取 45~90 min。

（3）铁碳质量比

微电解技术中添加炭的主要原因是为了提供更多的原电池，增加微电解反应数量。铁碳质量比太小时，不仅铁屑形成的微观原电池太少，同时铁碳宏观原电池也很少，并且碳粒太多会阻碍电极反应的活性产物与废水中有机物的反应。铁碳质量比太大时，铁离子酸溶出占主导地位，电化学溶出较少，影响处理效果；而碳太少时铁碳床的支撑和孔隙率降低，易造成铁碳床的堵塞和板结。

（4）曝气量

对微电解反应池进行曝气可增加对铁屑的搅动，减少结块的可能性，不易造成微电解反应池的堵塞，同时气泡的摩擦作用有利于去除铁屑表面沉积的钝化膜，进而提高出水的絮凝效果。但是曝气量过大会减少废水与铁屑的接触时间，从而降低有机物的去除。

4. 微电解耦合技术

随着国家废水排放标准的不断提高，单一的微电解技术往往不能满足预处理工艺的要求，因此目前新的研究热点集中到微电解工艺与其他工艺的耦合上。常见的耦合工艺有微电解—Fenton、微电解—混凝、微电解—超声等。

微电解—Fenton 组合工艺是把微电解工艺与 Fenton 工艺耦合起来使用，通过向微电解反应器中投加 H_2O_2，使 Fe^{2+} 和 H_2O_2 反应生成氧化能力很强的羟基自由基，以增强对有机物的去处效果。与传统微电解方法相比，H_2O_2 的加入增加了污染物的降解途径，提高了对污染物的去除效率，同时也充分利用了由废铁屑产生的 Fe^{2+}，节省了药剂用量，达到了以废治废的目的。微电解—Fenton 组合技术和普通 Fenton 法相比，COD 降解率和 B/C 值都有较大幅度的提高。

微电解—混凝组合技术是把微电解工艺与混凝工艺联合起来使用，将微电解出水再使用混凝来进行处理，充分利用出水中的铁离子，用来提高废水处理的效率和降低经济成本。与传统微电解方法相比，该方法充分利用了出水中 Fe^{2+}，节省了药剂用量，提高了 COD 的降解率，达到了以废治废的目的。

微电解—超声组合技术是把微电解工艺与超声技术联合起来使用，用来提高废水处理的效率和降低经济成本。与传统微电解方法相比，该方法能充分提高超声的使用效率，在极短的时间内有效矿化有机污染物和去除生物毒性，提高废水的处理效率。

5. 应用案例

（1）医药化工废水

江西某医药化工企业是专业从事有机化工制药中间体的开发和生产，主要产品有 2- 氟苯胺、2，4- 二氟苯胺、2，6- 二氟苯胺、4- 溴 -2- 氟苯胺、4- 溴 -2- 氟联苯、2，4- 二氟联苯、2- 氟联苯等。在生产过程中排放的废水含有苯胺、联苯、异丙醇等有机物，具有污染物浓度高、成分复杂、毒性大、可生化性差等特点，单独采用物化法或生化法很难使废水达标排放。由于废水呈弱酸性，故采用 Fe/C 微电解—催化氧化—A/O 生化法对该废水进行处理。

废水主要来自合成车间的生产废水、设备及地面冲洗水和部分生活污水，废水总量为 25 t/d。工艺流程如图 4-17 所示。废水首先进入调节池进行水质水量调节，然后经潜水泵提升到酸化池，通过投加硫酸将废水调节至强酸性（pH 值为 2~3）后，自流进入 Fe/C 微电解池，以去除废水中部分有机物、COD 和色度，同时提高废水的生化性。

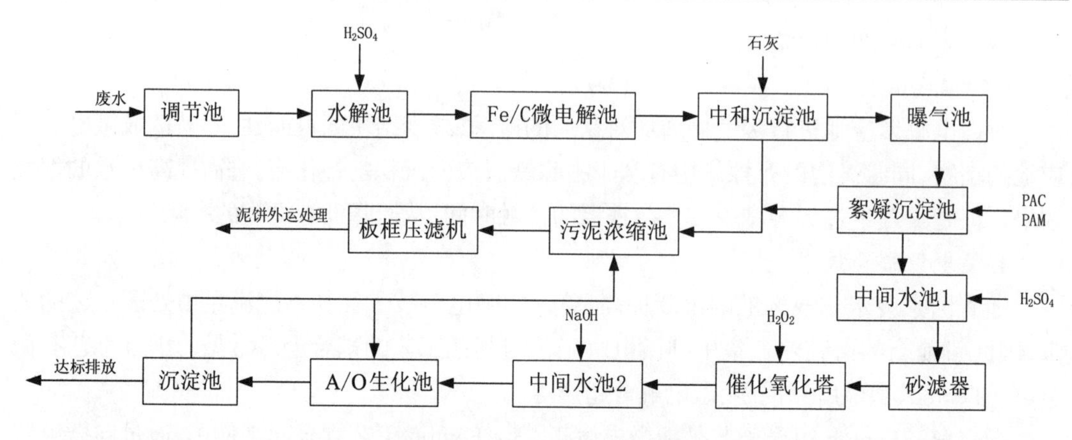

图 4-17 废水处理工艺流程

工程总投资为 107 万元，建有一座两格的 Fe/C 微电解池，设计尺寸为 2.75 m × 3.0 m × 3.0 m，有效水深 2.5 m，HRT 为 20 h。池底部设置 UPVC 穿孔曝气系统一套，池内装有铸铁块摆设成的蜂窝状填料，在酸性条件下，铁与碳之间形成无数个微电流反应器，使废水中的有机物在微电流作用下被还原氧化。

工程运行结果表明，采用 Fe/C 微电解—催化氧化—A/O 生化工艺处理医药化工中间体生产废水，COD、氨氮、SS 去除率分别达 96%、93%、98%，出水水质达到废水综合排放标准的二级标准要求，废水处理设施运行费用为 25.2 元 /m^3。

（2）环氧丙烷皂化废水

滨化集团股份有限公司现有一套 12 万 t/a 环氧丙烷皂化废水处理装置，已正常运行十余年。由于公司 6 万 t/a 环氧丙烷装置对氯醇反应器进行了技术改造，使得环氧丙烷皂化废水中副产物增多，造成排放废水中有机氯化物（主要为氯丙醇、二氯异丙醚等）浓度激增，对现有废水处理装置造成冲击，致使生化处理系统中的活性污泥失活，严重影响了废水装置的稳定运行，进而影响了集团的正常生产。针对以上情况，滨化集团对废水处理装置进行工艺改造，在沉降池前增加了处理规模为 200 m^3/h 的碱式铝硅微电解废水预处理装置，总投资约 400 万元。

碱式铝硅微电解装置采用新型铝硅合金微电解材料，该材料是以铝和硅为主要原料，通过熔炼、孕育等在结晶过程中使硅以微小的晶粒从基体（Al）中析出。然后经切削，加工成一定形状（屑状）使用，该材料比重为 2.7，填充密度约为 1.1。其特点为：a. 硅以微小的晶粒（≤ 100 μm）分布在基体中，原电池的数量多，产生的能量大；b. 该材料阳极阴极为一个整体，当阳极耗尽时，阴极也进入水中，不存在电极钝化现象。

项目工艺流程如图 4-18 所示。废水经冷却塔冷却至 40 ℃后进入本装置进行微电解处理，废水由装置底部连续进入，同时通入压缩空气曝气，反应 10~15 min 后上部出水进入沉降池，沉降后的废水进入生化系统进行后续处理。

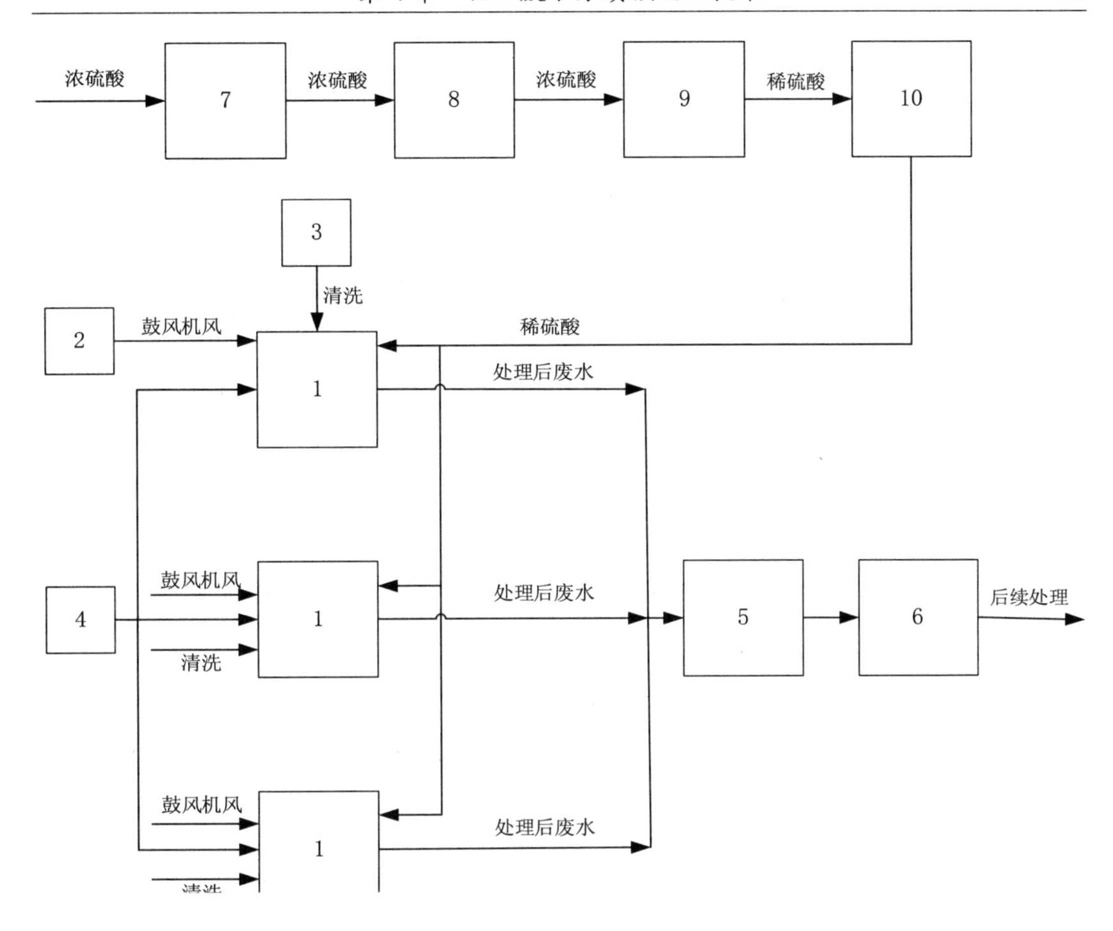

图 4-18　废水处理工艺流程

1—铝硅微电解发生器；2—鼓风机；3—清洗泵；4—冷却塔；5—沉降池；6—生化池；7—硫酸缓冲罐；8—浓硫酸罐；9—石墨硫酸稀释冷却器；10—稀硫酸罐

项目稳定运行后，高浓度有机废水经碱式铝硅微电解装置预处理后，COD 平均去除率可达 18.73%。废水再经后续生化处理后，出水能够达到《山东省海河流域水污染物综合排放标准》（DB 37/675—2007）中的二级标准。

4.2.4　臭氧催化氧化

1. 技术原理

臭氧催化氧化法是结合了臭氧的强氧化性和催化剂特性的一种高级氧化技术，它利用臭氧在催化剂作用下产生具有强氧化能力的羟基自由基（·OH），·OH 可以在常温常压下将那些难以用臭氧单独氧化的有机物彻底氧化，从而达到最大限度地去除有机污染物的目的，在难降解有机废水处理中显示出了极大的优越性。

图 4-19 所示为臭氧催化氧化反应池和反应塔。

(a)

(b)

图 4-19 臭氧催化氧化反应装置

(a)反应池 (b)反应塔

臭氧催化氧化法按催化剂的相态分为均相臭氧催化氧化法和非均相臭氧催化氧化法。均相臭氧催化氧化法是通过向臭氧氧化体系中投加液体催化剂或光辐射实现的,催化剂分布均匀且催化活性高,但不易回收利用;非均相臭氧催化氧化法是近年来发展起来的一种具有较强竞争力的新型高级氧化技术,该技术利用固体催化剂促进臭氧氧化分解产生·OH,催化剂易与溶液分离,重复利用,经济环保。

均相臭氧催化氧化法是在纯液态状态下的处理方法,根据污染物特性,反应体系中常引入 UV、H_2O_2 或溶解性金属盐(金属离子)来催化臭氧分解产生羟基自由基,实现对有机物的有效降解。臭氧氧化体系中加入 H_2O_2 易解离产生 HO^{2-},加快 O_3 分解产生羟基自由基,加速降解有机物,且其产物是 CO_2 和 H_2O,不会对环境造成二次污染。溶解性金属盐(金属离子)催化臭氧化处理废水是利用溶液中的金属离子和臭氧链式反应产生的羟基自由基催化氧化有机物。现在普遍应用的工艺有 Fenton/O_3 和用过渡金属盐类做催化剂的 Fe(Ⅱ)/O_3、Mn(Ⅱ)/O_3、Ni(Ⅱ)/O_3、Cu(Ⅱ)/O_3、Co(Ⅱ)/O_3 等。

非均相臭氧催化氧化过程包含气相、液相和固相三相。一般认为有三种可能的反应机理。

①认为有机物被化学吸附在催化剂的表面,形成具有一定亲核性的表面螯合物,然后臭氧或者羟基自由基与之发生氧化反应,形成的中间产物可能在表面进一步被氧化,也可能脱附到溶液中被进一步氧化,如图 4-20 所示。一些吸附容量比较大的催化剂的催化氧化体系往往遵循这种机理。

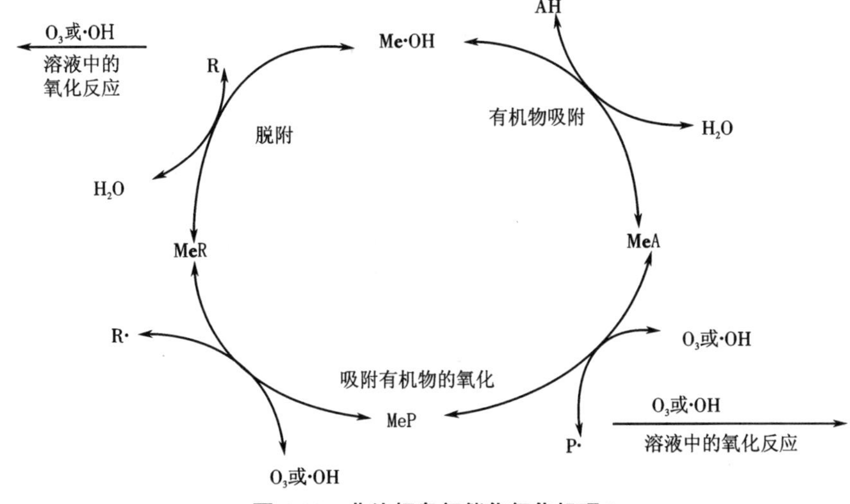

图 4-20　非均相臭氧催化氧化机理 I

②催化剂不但可以吸附有机物，而且还直接与臭氧发生氧化还原反应，产生的氧化态金属和羟基自由基可以直接氧化有机物，如图 4-21 所示。

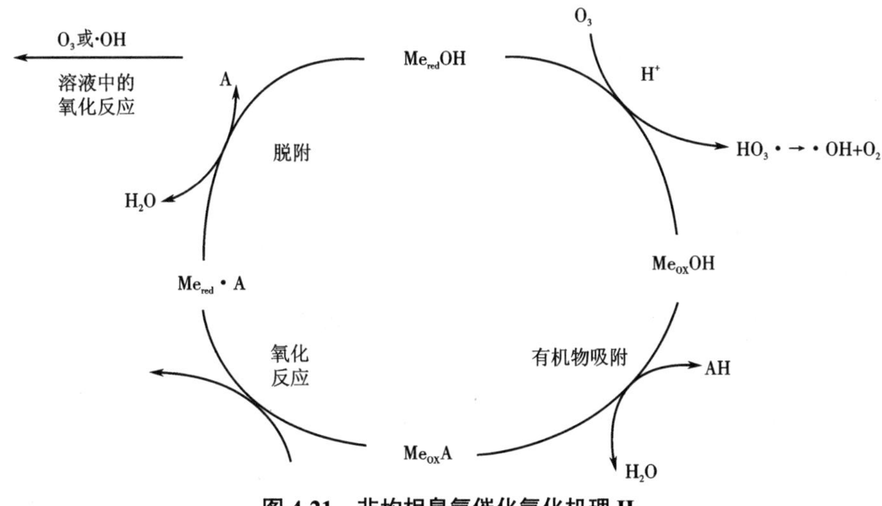

图 4-21　非均相臭氧催化氧化机理 II

③催化剂催化臭氧分解，产生活性更高的氧化剂，从而与非化学吸附的有机物分子发生反应。

2. 非均相臭氧催化剂

(1)催化剂类型

非均相臭氧催化氧化体系中的催化剂主要分为金属氧化物类(如 MnO_2、TiO_2、NiO 等)、负载型金属氧化物类(如 CuO/Al_2O_3、TiO_2/沸石、MnO_2/活性炭等)和负载型金属类(如 Cu/Al_2O_3、Cu/活性炭、Fe/陶瓷等)。图 4-22 所示为不同类型的负载型金属氧化物类臭氧催化剂。

图 4-22 负载型金属氧化物类臭氧催化剂

(2)催化剂载体

目前,常见的催化剂载体有沸石、陶瓷、硅胶、硅藻土、活性氧化铝(γ-Al_2O_3)、活性炭等一系列多孔材料。其中,活性炭、活性氧化铝、陶瓷的研究和应用范围最广。

活性氧化铝是一种多孔性、高分散度的固体材料,其比表面积大、高熔点、吸附能力强,具有良好的稳定性能和高机械强度。陶瓷摩擦阻力小、硬度大,较常用的蜂窝陶瓷具有大的表面积,稳定的吸附性能,适宜做催化剂载体。活性炭具有发达的孔隙结构、巨大的比表面积、优良的吸附性能,能耐酸碱、耐热,性质稳定,可脱色去味,矿化效果好。负载在活性炭上的贵金属可通过活性炭载体燃烧回收,成本低廉,可重复使用,适合工业上大规模的催化剂负载,因其实用性强而备受关注。

(3)催化组分

过渡金属 Fe、Al、Cu、Mn、Ni、Co、Ti 等和稀土元素 Ce 等可提供空电子轨道,容易接受电子对,相对耗能少,容易生成配合物作反应的中间体,故其氧化物、羟基化物、氢氧化物适合作为催化剂催化臭氧氧化反应。负载单一催化组分的催化剂虽然有时处理效果较好,但活性组分易流失,重复利用率低,而负载多元催化组分的催化剂中过渡金属之间可以优势互补,提高催化剂的活性和使用寿命。

3. 适用范围及优点

(1)适用范围

臭氧催化氧化技术适用于不同类型难降解有机物的去除,主要去除废水的 COD 和色度。

(2)臭氧催化氧化法的技术优势

①有效克服了单独臭氧氧化污染物降解效能不高、臭氧利用率低等局限性,提高了臭氧的利用率和有机物的降解速率。

②降低了投资运行成本。

③非均相臭氧催化剂以固态存在,易于与水分离,二次污染少,简化了处理流程。

(3)臭氧催化氧化反应装置构造及工作原理

臭氧催化氧化反应装置可采用氧化塔、氧化池等不同形式。图 4-23 所示为臭氧催化氧化塔流程示意图。该系统由臭氧发生系统和氧化塔组成。臭氧发生系统包括空气压缩机、干燥过滤器和臭氧发生器。干燥过滤器的作用是将空气净化、干燥和冷却,以降低杂质气体的含量，提高臭氧发生器的使用寿命。臭氧氧化塔内部设置有布水板，上部侧面设置有进水口，底部设置有排水口，下部侧面设置有 O_3 进气口，顶部设置有 O_3 出气口。催化剂填充到氧化塔内部，废水经布水板分布到催化剂填料上，形成水膜沿填料表面向下流动，上升气流从填料间通过和废水逆向接触，O_3 在催化剂作用下产生具有强氧化能力的·OH，对废水中有机物进行氧化降解。

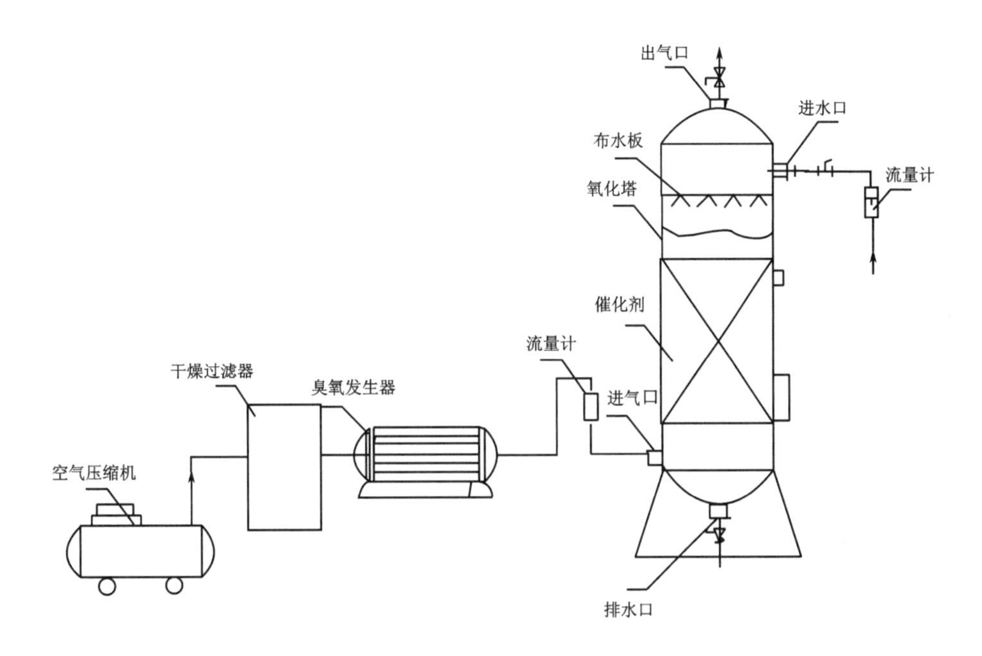

图 4-23　臭氧催化氧化塔流程示意

图 4-24 所示为集装箱式臭氧催化氧化池示意图。进水通过泵加压为高压水流，再经过进水阀进入喷淋系统，进行循环喷淋。臭氧通过水射器负压吸入后在喉管处进入废水中。废水通过布水装置均匀喷淋，依次通过空心球填料层和催化剂填料层，最后经过紫外超声区，进入集装箱底部，再通过循环泵重新循环进入系统。臭氧以空气作为补气来源，采用富氧曝气器进入装置，循环臭氧连同循环的废水，在喷淋区多次反应。反应结束后的尾气从集装箱顶自动排气阀排出进入臭氧尾气消除装置。尾气消除装置尾部有尾气检验装置，装置中指示剂通过变色实时检测还原性药剂的消耗情况。最终处理后的气体排入空气，实现臭氧零排放。

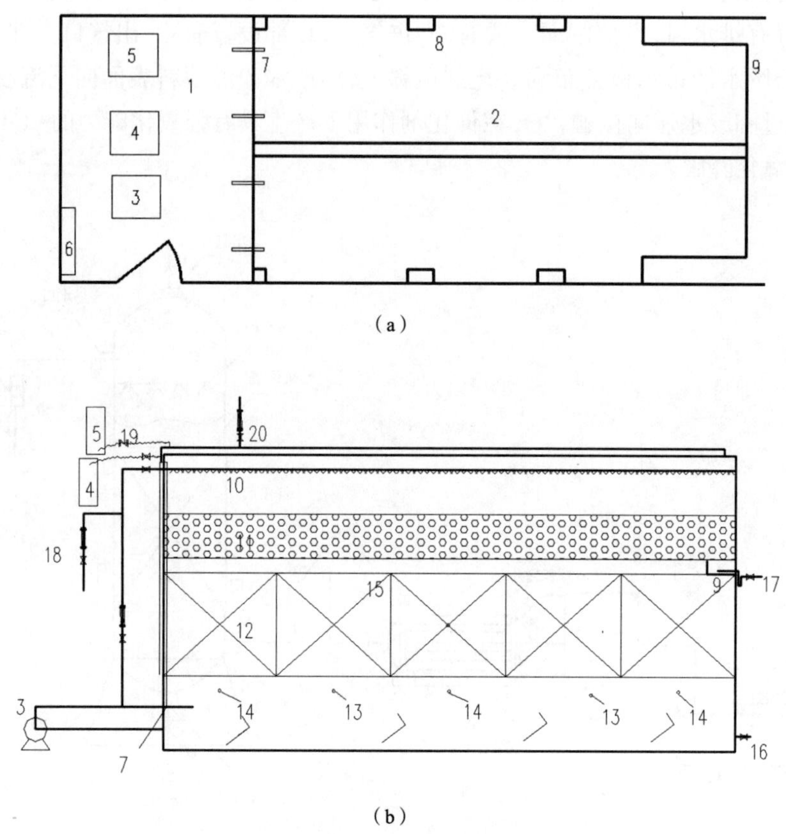

图 4-24　集装箱式臭氧催化氧化池示意图

(a)俯视示意图 (b)剖面示意图

1—设备间；2—喷淋水池；3—循环水泵；4—臭氧发生器；5—臭氧尾气消除装置；6—配电柜；7—文丘里水射器；8—塔板；9—出水堰；10—喷淋头；11—空心球填料；12—催化剂填料；13—超声波探头；14—紫外灯；15—镂空框笼；16—泄空管；17—出水管；18—进水管；19—带单向阀的排气口；20—补气口

4. 影响因素

(1)pH 值

由 O_3 反应机理可知，臭氧催化氧化反应 pH 值不宜过高或过低。过低时臭氧分子的直接氧化占主导作用，由于 O_3 分子的氧化具有选择性，所以对污染物的去除受到限制；pH 值为碱性时，OH^- 浓度增加，一方面有利于加速 O_3 分解生成氧化电位更高的·OH，另一方面有助于有机物离解，有机物处于离解状态时的降解速率要比处于分子状态时快；但 O_3 的溶解度随着 pH 值的升高而降低，所以当 pH 值过高时，同样也会抑制反应的进行，造成传质推动力和—OH 的反应特性降低。pH 值过高时还会存在一些·OH 捕获剂，消耗部分·OH，从而影响对有机污染物的氧化分解。

(2)O_3 投加量

O_3 投加量决定了—OH 的产生量，对催化氧化效果起了决定性的作用。当 O_3 投加量较低时，催化剂不能将其大量吸附到活性表面上，—OH 的产生量较少，使催化氧化反应速率降低。随着 O_3 投加量的增大，提高了 O_3 在水中的传质速度和催化剂的吸附效果，—OH 的产生量增大，进而提高了有机物的氧化效率。但是 O_3 浓度过高不仅会造成废水处理成本的增加，高浓度的 O_3 也会成为—OH 的捕捉剂，使催化氧化反应速率不再提高。

（3）催化剂投加量

催化剂投加量较少时，O_3 能够利用的表面活性点位较少，催化反应不够充分，导致有机物去除率降低。随着催化剂投加量的增大，有机物去除率逐渐升高，但增大到一定值后，有机物去除率不再明显升高，反而略有下降。因为催化剂投加过量时，会使反应物分子较多地吸附在催化剂表面，不容易产生羟基自由基，从而降低了催化剂的活性，同时催化剂投加量的增大也会增加处理成本。

（4）反应温度

当反应温度升高时，O_3 从气相向液相中扩散的速度增加，使有机物能够与活性物质反应的机会增加，并且当温度较高时，分子之间的运动速度增加，使水中的有机物和液相中的 O_3 能够较快地被催化剂活性表面吸附，加快反应进程。除此之外，较高的温度可以降低反应的活化能，增大反应速率常数，促进臭氧催化氧化反应的进行。然而，当温度过高时，O_3 在水中的溶解度降低且自身分解加强，导致氧化效率和臭氧利用率降低。因此，应合理控制反应温度。

（5）无机阴离子

一些无机阴离子因能够与自由基发生反应，消耗而又不能重新生成自由基，进而中断整个自由基链的反应，被称为自由基抑制剂。例如 Cl^- 等都为常见的自由基抑制剂。Cl^- 之所以对催化反应有抑制作用，是因为从热力学角度分析，臭氧和·OH 能将 Cl^- 氧化成 Cl_2，所以，当体系存在大量 Cl^- 时，会消耗掉大部分自由基，从而削弱了整体的氧化能力，使有机物去除效果不佳。

5. 应用案例

（1）BDO 化工废水

BDO 是精细化工产品 1，4- 丁二醇的英文缩写。它是一种重要的有机化工产品，也是附加值较高的精细化工产品及合成革的主要原料，还用于合成维生素、农药、除草剂、溶剂、增塑剂、医药中间体、链增长剂及胶黏剂等。BDO 装置在生产过程中排放的废水具有水量小、流量极不稳定、组分复杂、含油及有机物浓度高（主要为溶解性和胶体性固体有机物）、pH 值多变、盐分高、COD 含量高（一般为 8 000~10 000 mg/L）等特点，属于典型的高浓度有机化工废水，若直接排至废水处理设施，会给整个生化处理系统带来强烈冲击。

重庆某化学工业公司新建一套年产 6 万 t 的 BDO 装置，配套的废水处理设施采用隔油气浮—臭氧催化氧化—厌氧进行预处理后，再进入公司处理规模为 2 400 m^3/d 的生化废水处理系统。预处理工艺流程如图 4-25 所示。

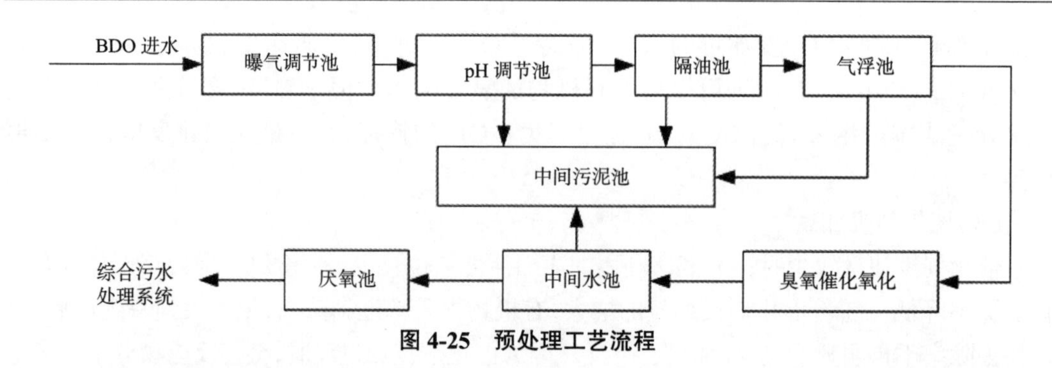

图 4-25 预处理工艺流程

BDO 废水预处理系统处理能力为 60 m^3/h,装置 24 h 连续运行,来水为间歇性有压生产排水。臭氧催化氧化池中放有椰壳活性炭,可以有效地去除分解由隔油池气浮残留下来的大分子有机物质,提高废水的可生化性。臭氧投加量为每吨水 10 g。预处理工程实际运行效果显示,产水水质均达到设计标准,后续生化处理设施运行效果持续稳定。预处理工艺直接运行成本为 4.34 元 /m^3。

(2)石油化工废水

兰州某石油化工厂排放的废水水量大,水质成分较复杂,杂质较多,色度较大,且具有较为浓重的气味。废水中污染物多为有毒有害物质,如各种芳香族化合物、长链烃类物质、化工类副产物和终产物等。采用液相色谱仪进行水质分析,废水中主要污染物有苯乙烯、丙烯腈、丁二烯、芳烃、苯胺、硝基苯、二氯乙烯、乙烯基乙炔等,都属于较难生化降解的有机物。

采用活性炭负载 Ni-Cu-Mn-K 三元体系催化臭氧氧化处理该废水,活性炭负载催化剂置于臭氧接触塔内,臭氧由臭氧发生器产生,气源为空气,进气压为 0.04 MPa,产生臭氧经过射流器进入臭氧催化塔内,出水中所含剩余臭氧经臭氧释放池得以去除。

运行结果表明,相比单独臭氧氧化处理, COD 去除率由 9% 提高至 20%,提高了 11 个百分点;色度去除率由 46.9% 提高至 71.4%,提高了 24 个百分点;可生化性提高了 8%~9%。可见,活性炭负载 Ni-Cu-Mn-K 的臭氧催化氧化体系对该废水具有较好的预处理效果。

4.2.5 电催化氧化

1. 技术原理

电催化氧化处理废水中有机污染物的过程就是利用阳极的高析氧电位及催化活性来直接与水中污染物进行反应,或者利用电化学过程中产生的羟基自由基等强氧化剂间接氧化水中的污染物。因此按电极作用方式电催化氧化机理可分为直接氧化和间接氧化两种。

直接氧化是指高析氧电极直接氧化水中的污染物,电化学反应过程中,污染物直接在电极表面进行电子传递;间接氧化是指反应过程中,催化阳极表面产生具有强氧化性的中间产物(如 $\cdot OH$、$\cdot OH_2$、O_3、O_2^-、O 等),它们可以对水中污染物进行降解,该反应是传质控制,即在水中扩散的快慢控制整个反应速度。然而,在反应过程中,多数情况下直接氧化与间接氧化同时进行。从污染物的降解程度来看,电催化氧化可以分为电化学转化和电化学燃烧两种原理。电化学转化是指在催化阳极的作用下,有些具有毒性的或者难生物降解的污染物被氧化为无毒或者可生物降解的物质，这有利于废水的进一步生化处理；电化学燃烧是指污染物被直接氧化为二氧化碳和水，即被彻底降解。因此，电化学燃烧的污染物降解程度较高。

图 4-26 为电催化氧化装置的现场图片。对于一些难降解的有机化工废水，采用单一的电催化氧化法存在降解时间长、能耗较高的缺点，因此为了进一步提高废水的降解效率，将电催化与其他处理方法相结合的联用工艺得到了越来越多的关注。常用的联用技术有电—Fenton 法、三维电极法、超声—电化学技术、光—电化学技术等。

图 4-26　电催化氧化装置

电—Fenton 法是将电化学和 Fenton 试剂相结合的处理方法，它的实质是以电化学法产生的 Fe^{2+} 和 H_2O_2 作为 Fenton 试剂的持续来源来降解污染物。

在电—Fenton 反应过程中，Fe^{2+} 可由外部投加或通过阳极氧化获得，如式 4.1 所示：

$$Fe-2e^- \longrightarrow Fe^{2+} \qquad (4.1)$$

从 Fe^{3+} 到 Fe^{2+} 的再生对于电—Fenton 法来说非常重要，是 Fenton 反应得以顺利进行的关键一步。在电—Fenton 体系中，Fe^{2+} 的再生可以由 Fe^{3+} 在阴极还原完成（式 4.2）、由氧化有机物完成（式 4.3）、由 Fe^{3+} 与 H_2O_2 反应完成（式 4.4）、或者由 Fe^{3+} 与 HO_2·完成（式 4.5）。

$$Fe^{3+}+e^- \longrightarrow Fe^{2+} \qquad (4.2)$$

$$Fe^{3+}+R\cdot \longrightarrow Fe^{2+}+R^+ \qquad (4.3)$$

$$Fe^{3+}+H_2O_2 \longrightarrow Fe^{2+}+HO_2\cdot+H^+ \qquad (4.4)$$

$$Fe^{3+}+HO_2\cdot \longrightarrow Fe^{2+}+O_2+H^+ \qquad (4.5)$$

根据电—Fenton 体系类型的不同，H_2O_2 可通过外部投加或溶解氧在阴极还原生成（式 4.6）。

$$O_2+2H^++2e^- \longrightarrow H_2O_2 \qquad (4.6)$$

H_2O_2 与催化剂 Fe^{2+} 构成的氧化体系通常称为 Fenton 试剂。研究表明，Fenton 试剂的氧化机理是在酸性条件下，H_2O_2 被 Fe^{2+} 催化分解产生活性很高的羟基自由基（·OH），如式 4.7 所示：

$$Fe^{2+}+H_2O_2 \longrightarrow Fe^{3+}+OH^-+\cdot OH \qquad (4.7)$$

羟基自由基（·OH）具有以下重要性质。

①· OH 比其他的一些常用强氧化剂具有更高的氧化电势，从表 4-5 中可以看出，·OH 的氧化电势高达 2.80 V，仅次于 F_2，可见，·OH 的氧化性能很强。

表 4-5　常见氧化剂的氧化电势

氧化剂	氧化电势（V）	氧化剂	氧化电势（V）
F_2	2.87	MnO_4^-	1.51
·OH	2.80	ClO_2	1.50
O_3	2.07	Cl_2	1.30
H_2O_2	1.77	O_2	0.68

②具有较高的电负性或电子亲和能（569.3 kJ），容易进攻高电子云密度点，同时·OH 的进攻具有一定的选择性。

③·OH 还具有加成作用，当有碳碳双键存在时，除非被进攻的分子具有高度活泼的碳氢键，否则，将发生加成反应。

从羟基自由基·OH 的上述性质可以看出，电—Fenton 反应是一种物理化学反应，反应条件温和，比较容易控制，可有效降解持久性有机污染物。

三维电极法的基本原理因床体类型不同而异。单极性床（带有隔膜）通过主电极使电极粒子（低阻抗）表面带上与主电极相同的电荷，电化学反应在阴阳极各自进行，有机物一般在阳极被氧化，而重金属离子在阴极被还原；复极性床（没有隔膜）主要通过主电极间的电场使工作电极粒子（高阻抗）因静电感应而分别带上正负电荷，使每一个粒子成为一个独立的电极，电化学氧化和还原反应可在每一个电极粒子表面同时进行，缩短了传质距离。

复极性固定床电化学反应器（Bipolar Packed Bed Cell，BPBC）是一种应用广泛的三维电极反应器，是由弗莱舍曼（Fleischmann）等人在 1973 年依据三维电极理论研制成功的。它是在传统的二维平板电极电解槽中均匀填充混合的导电颗粒和绝缘颗粒，当主电极所施加的电压足够高，使导电颗粒沿电场方向两端的电位降超过阴极和阳极反应的可逆电势时，导电颗粒就成为一个复极电极（第三极），在复极电极表面发生电化学反应，一端发生阳极反应，另一端发生阴极反应，整个粒子成为一个立体的电极，粒子之间构成一个微电解池，整个电解槽就由这样一些微电解池组成，如图 4-27 所示。

BPBC 的电流模式如图 4-28 所示。通过 BPBC 的全部电流包括反应电流、旁路电流和短路电流。反应电流是导电颗粒两端反应流过的电流；旁路电流是只在主电极间电解液内直接通过的电流；短路电流是导电颗粒彼此相连，直接通过粒子而流过的电流。在实际应用时，要提高 BPBC 的电解效率，必须增大反应电流所占比例，将旁路电流和短路电流降到最低。在电解槽中放入绝缘性物质，可以改善粒子之间及粒子与溶液之间的接触状态，使更多的粒子彼此孤立，在增加极化粒子数目的同时，一定程度上减少粒子之间的短路电流，相应地增大法拉第电流。

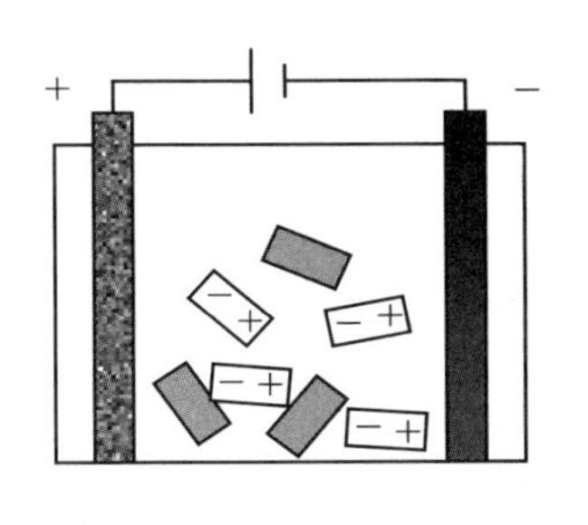

图 4-27　BPBC 结构示意图

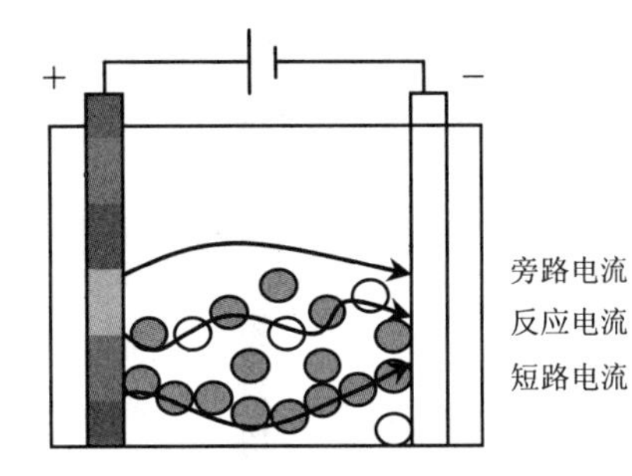

图 4-28　BPBC 电流模式图

2. 适用范围及优缺点

(1)适用范围

电催化氧化法适用于：a. 高浓度难降解化工废水处理；b. 高氨氮废水处理；c. 高盐废水处理；d. 大分子有机物开环断链，提高废水可生化性；e. 化工厂废水处理站提标改造。

(2)电催化氧化法的技术优势

①电催化氧化过程中产生的·OH 氧化性极强，能无条件地与废水中的有机污染物反应，将其氧化成 CO_2、H_2O 和小分子有机物。

②电催化氧化技术属于“环境友好”技术，以电子作为反应剂，一般不添加化学试剂，避免了因额外添加药剂而引起的二次污染。

③能量效率高，反应条件温和，一般常温常压下就能进行。

④设备相对较为简单，占地面积小，易于自动控制，管理方便。

(3)缺点

电催化氧化法也存在一些缺点，如能耗高，电极材料多为贵金属，存在阳极腐蚀等，在实际应用中可与 Fenton、光、超声波等耦合使用。

3. 电解槽构造及工作原理

电催化氧化反应发生在电解槽中，电解槽的结构是影响电催化氧化反应的重要因素之一。有两种方法可以提高电催化氧化反应的电流效率：一是通过增加电极面积从而提高电解槽的反应面积 / 体积比；二是提高污染物在电极 / 溶液界面区的传质效率。因为电化学反应本质上是一种在固液界面发生的异相电子转移反应，只有迁移到电极表面的污染物，才能在固液界面上进行直接电催化氧化降解。

图 4-29 所示为电解槽的平面图。槽体的内部安装有缓冲挡板和封隔板，缓冲挡板和槽体的左侧内壁形成缓冲室，缓冲挡板和封隔板之间形成电解室，封隔板和槽体的右侧内壁形成溢流室；缓冲挡板和封隔板相对的内壁上都固定安装有电极卡条，电极卡条之间固定安装有多片电极板，槽体的缓冲室外侧壁底部固定安装有进水管，电极极板的底部安装有溢流管，溢流管同时连通电解室和溢流室，槽体的溢流室外侧壁底部安装有出水管。

废水首先进入预处理单元，使溶解性固体及悬浮物满足进入电催化氧化系统的要求后，用提升泵把废水送至电解槽，在一定的电流电压下发生电解反应，电解后出水进入溢流室，经出水管排往后续处理单元。对电解过程中阴极产生的氢气，阳极产生的氧气进行负压收集后做高空排放处理。若废水中含有氯离子,则对电解过程中阳极产生的氯气和氧气进行收集,收集后的氯气可采用氢氧化钠溶液进行两级吸收后高空排放。

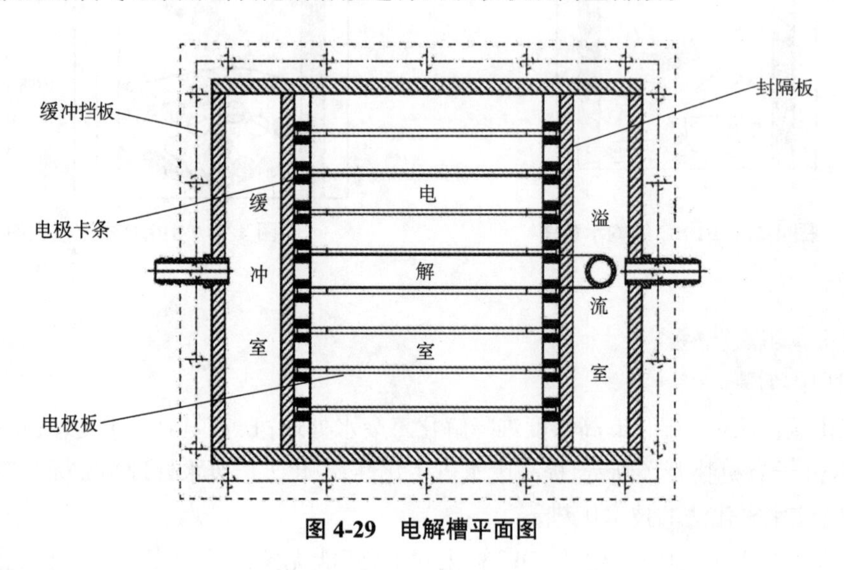

图 4-29 电解槽平面图

4. 影响因素

(1)极板间距

极板间距的大小直接决定了反应体系电阻的大小,极板间距越大,反应体系电阻越大。

对于三维电极电化学体系而言,极板间距还影响着粒子电极在电解槽中的空间分布及极化程度。极板间距太大或太小均不利于电解反应的进行。极板间距增大,反应体系的电阻随之增大,在恒流条件下,槽电压升高,槽电压过高将导致大量电能消耗于析氢、析氧等副反应以及发热,并且粒子电极上的强烈水解使污染物不能很好地吸附,导致处理效果下降;极板间距减小,槽电压降低,使粒子电极的复极化程度降低,不利于有机污染物的去除。

(2)电流密度

电流密度是单位电极面积上的电流强度(A/m^2),对电催化氧化法的处理效果具有重要的影响。从电化学意义上来说,电流密度反映了阳极氧化反应的速度,电流密度越大,氧化反应速度越快。

电解时间一定的条件下,电流密度对有机污染物的去除具有明显的影响:增大电流密度,一方面可以加快电子的传递速率和溶液中氧化性基团(如 HO·)的生成速率,从而促进有机物的直接和间接氧化降解;另一方面,随着电流密度的增大,析氧、析氢等副反应会随之发生,导致电流效率降低,同时电解所产生的热量导致能耗增加,即电流密度过大会降低污染物的处理效率。可见,选择合适的电流密度至关重要。

(3)初始 pH 值

改变电解液中的 pH 值可以改变某些反应的氧化还原电位,改变电极表面的电荷性质,导致有机物在电极表面的吸附和电化学反应活性的改变。有机物在阳极上发生氧化反应的同时,会因电解液中 pH 值的不同导致析氧副反应发生的难易不同。研究结果表明,在碱性介质中电极的阳极析氧电位相对较低,因此易发生析氧副反应,析氧副反应会减弱电解效果和电流效率;而在酸性介质中电极的阳极析氧电位较高,析氧副反应较难发生。

此外,在碱性介质中有机物矿化产生的 CO_2 主要以碳酸盐和碳酸氢盐的形态存在,碳酸盐和碳酸氢盐是众所周知的 HO·捕获剂,会降低电催化氧化过程中主要的强氧化性基团——HO·的浓度,有机物的降解效果会因此减弱。虽然降低 pH 值有利于有机物的氧化降解,但是酸性过大会对电极的寿命产生严重的影响,因此在电催化氧化过程中应确定适宜的 pH 值。

(4)电解质浓度

电导率对有机物的氧化降解速率有很大影响,在电催化氧化过程中有时需要向溶液中添加一定量的电解质。由于溶液导电性的增强,既可以加快电极上电子的转移速率,也可以提高离子型污染物的传质速率,从而提高电化学反应速率。同时槽电压可随之降低,因此可减少能耗。但电解质添加量过多会促进水解副反应的发生并产生大量的热量,降低电化学处理效率。

此外,电解质的种类还影响有机物的氧化降解方式。在电催化氧化过程中,有机污染物可通过直接氧化和间接氧化两种方式被氧化降解。当以 NaCl 为电解质时, Cl^- 易在阳极上被氧化成 Cl_2 和 ClO^- 等氧化剂,这些氧化剂可与有机物发生间接氧化;而在以 Na_2SO_4 作电解质的体系中,因 SO_4^{2-} 不易被氧化,有机物可能通过吸附在阳极表面,在电极催化作用下失去电子,被直接氧化。有机污染物的氧化降解方式对电化学处理效果和能耗具有重要的影响。

5. 应用案例

(1)高浓度化工废水

浙江某精细化工园区占地面积约为 78 ha,园区现有数十家企业,生产废水主要有三类:一类为化工企业排放的高浓度有机废水,含有硝基苯类、苯胺类、氯醌、有机溶剂、酸、碱、盐等污染物质;第二类为以酸、碱性无机物为主的废液;第三类为冷却水。目前虽然化工园区主要排污企业对生产废水进行了处理,但是随着入驻企业的增多和废水量的增加,原有处理设施已不能保证排放废水的稳定达标。为此,园区进行了废水处理设施扩容改造,将电催化氧化技术用于园区废水的预处理,目的是利用电解氧化的能力,去除硝基苯类及苯胺类物质,降低废水的毒性,最终实现可生物处理。

废水处理站进水水质为 COD 3 000 mg/L,硝基苯类 300 mg/L,苯胺类 100 mg/L,氨氮 100 mg/L, SS 300 mg/L,色度 300 倍, pH 值为 1.5。该废水硝基苯胺类物质浓度相对较高且含酸量大。废水处理工艺流程见图 4-30。

各企业内部实行清污分流后,废水经在线计量后用泵提升到废水收集池,进行均质、均量。微电解池和电催化氧化池共同构成电—Fenton 氧化系统。选择微电解的理由是废水酸性大,经铁碳处理后污染物去除效果好且 pH 值可有效上升;引入电催化氧化的目的是充分利用微电解处理后废水中含有的 Fe^{2+},与电催化氧化生成的 H_2O_2 反应,进一步分解污染物。经电—Fenton 系统处理后的废水采用石灰中和沉降。

工程按 1 000 m^3/d 规模设计,分二期实施。电—Fenton 氧化系统包括微电解池、电氧化池和中和沉降池。中和池 1 座,地下式钢混结构,内表面环氧树脂加强级防腐。尺寸:

14 m×6.5 m×3 m,表面负荷:0.6 $m^3/(m^2·h)$。电—Fenton 氧化槽 6 组,已有 3 组需改造,新增 3 组,内表面环氧树脂加强级防腐,设备功率为 l8 kW。耐腐蚀提升泵按一期工程设计,Q=25 m^3/h,H=180 kPa,N=4.0 kW,具自吸功能,配液位控制系统。

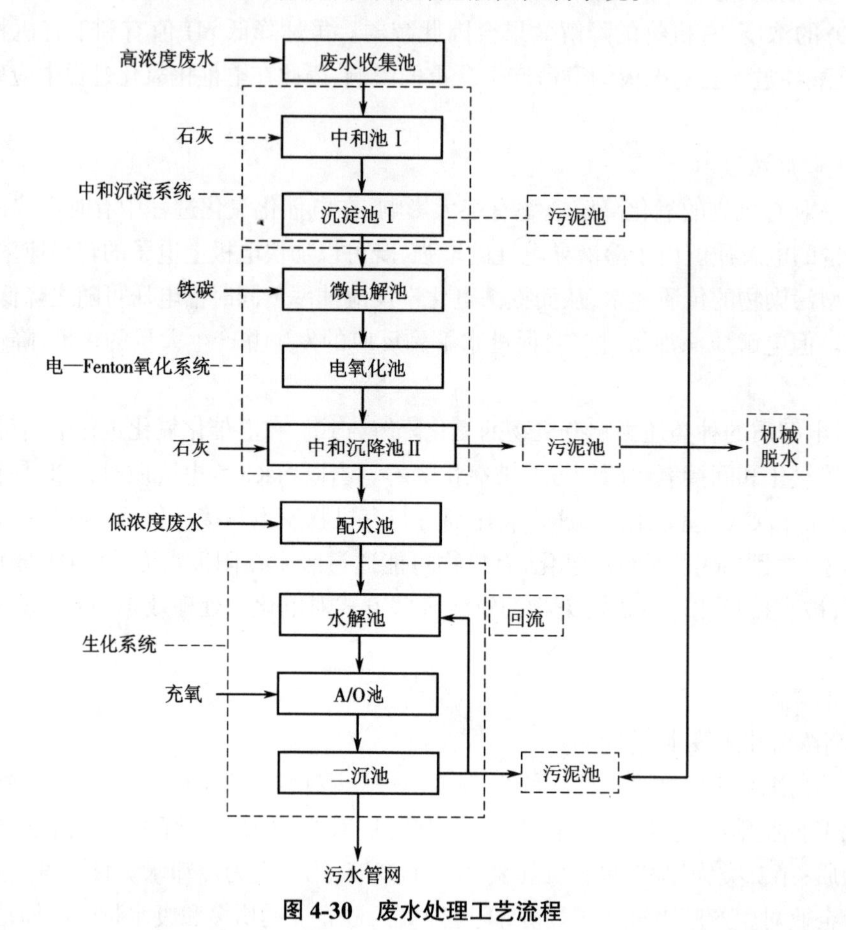

图 4-30 废水处理工艺流程

废水处理一期规模为 500 m^3/d,其中土建工程费为 120.9 万元、设备材料费为 176.8 万元、运输安装费为 17.7 万元、设计费为 14.8 万元、调试培训费为 14.8 万元、税收管理费为 13.4 万元,总费用为 358.4 万元。

实际运行效果证明,电—Fenden 系统可有效处理此类硝基苯废水,出水水质达到排放标准,处理站尾水纳入城市市政管网,最终接入城市污水处理厂。采用电催化氧化技术预处理可有效提高废水的可生化性,与生物处理联用,是处理高浓度难降解化工废水的有效方法。

(2)制药废水

制药工业属于精细化工,其生产特点是生产品种多,生产工序多,使用原料种类多、数量大,原材料利用率低,产生的废水成分复杂,污染危害严重。主要的常规污染物为 COD、BOD、SS、pH、色度、氨氮、总磷和氰化物等,特征有机污染物种类较多,且多为毒性大、难生物降解的持久性有机污染物(POPs),对环境、人体的危害十分严重。制药废水处理工艺中高浓度难降解有机废水预处理是关键，由于其具有生物毒性，直接进入生化处理装置会造成生物菌死亡，系统瘫痪，因此，必须在生物处理之前，进行预处理。

多维电催化 $+O_3$ 组合工艺是一种高效的联合处理技术。其用于处理制药废水的工艺流程如图 4-31 所示。

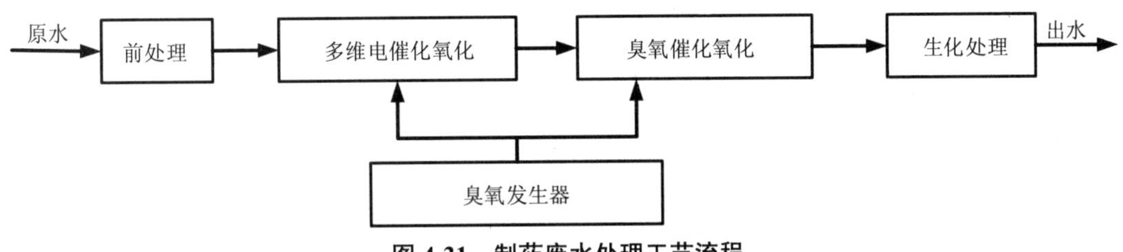

图 4-31　制药废水处理工艺流程

该工艺中，前处理阶段针对制药废水的特点，对原水进行沉砂、除油、调 pH 值等处理，使之达到电催化处理器进水的基本要求。多维电催化反应器阳极是表面负载有 Sn-Sb-Ir-Ta 固熔体复合氧化物催化剂的 DSA 阳极，粒子群电极是负载有 Sn-Sb-Mn 等多种催化物质的陶瓷粒子。在电场的作用下，系统可产生大量的羟基自由基（·OH）等多种氧化物质。废水在反应器内发生直接电化学反应和间接电化学反应，实现有机污染物的氧化分解。电催化反应器的底部曝入少量臭氧，可有效提高反应效率。

该工艺组合氧化能力强，协同作用效果好，为制药废水的预处理提供了有效手段。臭氧是通过高压放电产生的，因此，二段工艺设备仅消耗电能，处理过程无需外加化学药剂，无二次污染。设备可控性好，操作简单，特别适用于间隙排放、高盐度、低 pH 值、难降解、高浓度制药废水的预处理，是一项环境友好技术。

4.3　预处理去除重金属技术

废水中重金属去除技术主要有物理法、化学法、物理化学法和生物法四大基本类型。其中物理法以吸附为主，典型吸附剂为沸石、活性炭、壳聚糖纤维等；化学法以沉淀为主，包括中和沉淀法、硫化沉淀法、钡盐沉淀法、铁氧体法等；物理化学法较多，有离子交换、电解、电渗析、溶剂萃取等；生物法主要是借助植物或微生物的作用来脱除废水中的重金属，主要有植物生态修复、生物吸附法及生物絮凝等。

在化工废水预处理过程中，应用较多的去除重金属的技术是化学沉淀法、药剂还原法和吸附法。

4.3.1　化学沉淀法

向废水中投加某种化学物质，使它和其中某些溶解物质产生反应，生成难溶盐沉淀下来，这种方法称为化学沉淀法。根据使用沉淀剂的不同，化学沉淀法可分为中和沉淀法、硫化沉淀法、钡盐沉淀法等。

1. 技术原理

中和沉淀法是采用投加中和剂的方法，使重金属能够在 pH 值为 8~10 的弱碱性条件下形成溶解度较小的氢氧化物沉淀或碳酸盐沉淀，使重金属得以去除。这种方法发展时间较长，是目前比较成熟的一种处理方法。

常见的中和剂有石灰石、石灰、苏打、苛性钠、碱性废渣等。其中，石灰石和石灰被广泛应用，而苏打与苛性钠因成本较高，工业实践中较少采用。碱性废渣如飞灰、炼钢渣等，因具有较大的表面积及多孔性，在降解重金属的过程中同时起到中和、吸附及离子交换的三重作用，因此具有较好的发展前景。

硫化沉淀法与中和沉淀法原理相似，主要是采用向溶液中投加硫化剂的方法，使金属离子与硫化物反应，形成比较稳定的难溶或不溶的硫化物沉淀，从而将重金属去除。硫化沉淀法作为较传统的化学沉淀法，技术已经比较成熟，在工业上也得到了广泛应用。

一般采用的硫化剂有 Na_2S、CaS、NaHS、FeS、H_2S 等。由于硫化物沉淀比氢氧化物沉淀的溶度积相对较小，因此这种方法比中和沉淀法效果要好，生成的硫化物比较稳定，难于反溶，不易造成二次污染。另外，由于重金属硫化物的憎水性，滤出的沉渣含水量低，易于综合回收利用。表 4-6 列出了几种重金属硫化物的溶度积常数。

表 4-6　几种金属硫化物的溶度积

金属硫化物	K_{sp}	pK_{SP}
MnS	2.5×10^{-13}	12.60
FeS	3.2×10^{-18}	17.50
NiS	3.2×10^{-19}	18.50
CoS	4.0×10^{-21}	20.40
ZnS	2.5×10^{-22}	21.60
SnS	1.0×10^{-25}	25.00
CdS	7.9×10^{-27}	26.10
PbS	8.0×10^{-28}	27.90
CuS	6.3×10^{-36}	35.20
Hg_2S	1.0×10^{-45}	45.00
Ag_2S	6.3×10^{-50}	49.20
HgS	4.0×10^{-53}	52.40

2. 适用范围及优缺点

中和沉淀法具有处理工艺流程短、设备简单、处理速度快、价格低廉等技术优势，但中和沉淀法处理后渣量大，含水率高，必须很好地处理和处置这些沉淀物，否则极易造成二次污染。

中和沉淀法去除锌、铅、铬、铝等两性金属离子时，当溶液 pH 值超过一定值时，金属沉淀物将会发生反溶。以 Zn 为例，当 pH=9 时，Zn 几乎全部以 $Zn(OH)_2$ 的形式沉淀。当

pH>11 时,生成的 $Zn(OH)_2$ 又和碱起作用,生成 $Zn(OH)_4^{2-}$ 或 ZnO_2^{2-} 离子,重新溶于水中。因此,中和沉淀法去除废水中重金属时,废水的 pH 值是操作的一个重要条件。

硫化沉淀法的优点是生成的金属硫化物较金属氢氧化物的溶解度小,处理效果更好,产生的残渣量比较少,含水率也较低,有利于后续回收有价值的金属。主要缺点是硫化剂市场价格比碱性沉淀剂高,硫化物沉淀过程中遇酸会生成硫化氢气体,产生二次污染。

在一定 pH 值范围内,硫化沉淀法是否适用不仅与硫化物的溶度积有关,而且与金属离子的价态和浓度有关。一般来说,硫化物对金属锌的去除率比较低,硫化沉淀法不适合处理含锌废水。

3. 沉淀法工作原理

以石灰中和沉淀法为例,将废水收集到均化调节池后,通过耐腐蚀自吸泵送至一次中和槽;为了提高重金属的去除效果,在管路里投加适量的凝聚剂(如硫酸亚铁等)进行共沉,同时投加石灰乳进行充分的搅拌反应,石灰乳投加量由 pH 值自动控制,使一次中和槽出口溶液 pH 值为 7;为了提高絮凝效果,在一次中和槽后设置氧化槽,进行曝气氧化;经氧化后的废水自流至二次中和槽,继续投加石灰乳,使二次中和槽出口溶液 pH 值为 9~11;在二次中和槽废水出口处投加凝聚剂,处理废水自流至浓密机,进行絮凝、沉淀;上清液自流至澄清池。

中和沉淀法在操作中要注意以下几点:a. 废水中常常有多种重金属共存,当废水中含有锌、铅、铝等两性金属时,若 pH 值偏高,则可能有再溶解的倾向,因此要严格控制 pH 值,实行分段沉淀;b. 如果中和沉淀之后出水的 pH 值偏高,须加酸调低 pH 值后再进入后续处理设施;c. 废水中含有的卤素、氰根、腐殖质等物质有可能与金属形成络合物,因此,在中和之前需要经过预处理;d. 有些重金属沉淀后颗粒较小,如 $Ni(OH)_2$,不易形成沉淀,需加入絮凝剂来辅助其生成沉淀。

4. 应用案例

(1)合成化工高盐废水

某合成化工厂在生产所需催化剂的过程中,产生一定量含有铜离子、硝酸铵的高盐废水。其水质如下:Cu^{2+} 为 54.3 mg/L,NH_4^+-N 为 5.75×10^3 mg/L,NO_3^--N 为 7.52×10^3 mg/L,TDS 为 3.02×10^4 mg/L,TOC 为 114 mg/L,pH=8。可以看出,该废水主要成分是硝酸铵,可以作为生产化肥的原料。因此,工艺设计中主要利用 MVR 蒸发技术实现硝酸铵的浓缩回用,具体工艺流程如图 4-32 所示。为了保障 MVR 系统稳定运行和最终回收浓缩液的质量,需要首先去除废水中的铜离子。

废水预处理过程采用投加硫化钠的方法去除铜离子。硫化钠与 Cu^{2+} 在除铜反应罐中反应生成 CuS 絮体,然后进入絮凝反应罐,加入 PAM 助凝剂进行絮凝沉淀后排入中间水箱 1,采用暗流板框过滤,出水进入中间水箱 2 及后续处理系统。

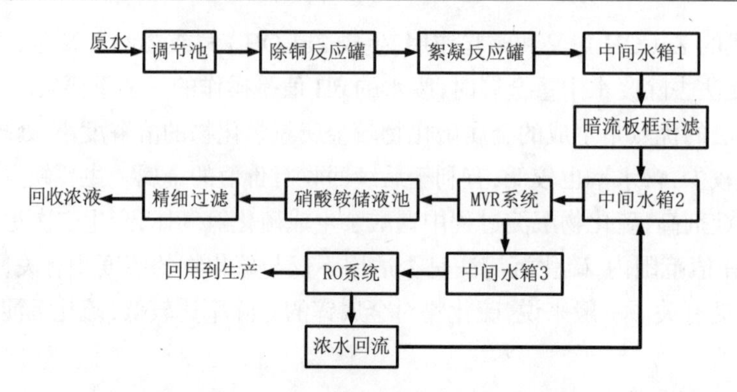

图 4-32 合成化工高盐废水处理工艺流程

工程于 2012 年 4 月投入使用,最高废水处理量达到 1 t/h。运行效果显示,Cu^{2+} 去除效果较好,原水、调节池、中间水箱 1 中 Cu^{2+} 浓度分别为 54.3 mg/L、51.7 mg/L 和 0.21 mg/L,中间水箱 2 未检出 Cu^{2+}。除铜工艺产生的 CuS 可以进行回收利用,作为相关企业的生产原料。

该工程综合能耗为:MVR 系统 32 kW,其他用电设备 17.5 kW,综合耗电 49.5 kW,以当地电费计算,吨水综合处理成本约为 40 元。

(2)化工园区综合废水

项目位于江西某化工园区,处理废水主要为园区内各企业产生的化工废水及生活污水,废水产生量为 3 188 m³/d,废水中含有大量的苯和苯胺难降解物质及铅、锌、砷等重金属,可生化性低。工程采用“中和沉淀 + 生化处理 +Fenton 氧化 +BAF”组合工艺对园区废水进行处理,设计处理能力为 5 000 m³/d,处理后出水水质要求达到《城镇污水处理厂污染物排放标准》(GB 18918—2002)中的一级 B 标准,设计进出水水质如表 4-7 所示。

表 4-7 设计进出水水质

项目	进水水质	出水水质
pH 值	6~9	6~9
COD(mg/L)	500	60
BOD_5(mg/L)	300	20
SS(mg/L)	400	20
总钼(mg/L)	2	0.5
总锌(mg/L)	1	1
总砷(mg/L)	0.5	0.1
总镉(mg/L)	0.1	0.01
总铅(mg/L)	1	0.1

针对废水中的重金属,采用中和沉淀法进行去除。在反应池中加片碱调节 pH 值,在沉淀池中通过投加 PAC、PAM 絮凝沉淀去除水中小粒径的悬浮固体和重金属离子。

反应沉淀池 2 座,单座设计流量 3 750 m^3/d,反应池尺寸为 6.0 m × 2.0 m × 4.2 m,沉淀池尺寸为 30.0 m × 6.0 m × 4.2 m,表面负荷为 1.03 $m^3/(m^2 \cdot h)$,钢筋混凝土结构。内设桁车式刮泥机 2 台,宽度 8 m;污泥泵 2 台,流量 30 m^3/h,扬程 12 m,一用一备;桨叶式搅拌机 4 台;浸入式在线 pH 计 2 台。

工程投入使用后,运行状况良好,出水重金属离子含量及其他水质指标均达到了设计要求。工程装机总功率为 539.69 kW,运行功率为 350.71 kW,一天耗电量为 6 429.64 kW,折合电费为 3 086.23 元 /d,药剂费为 5 414.35 元 /d,吨水运行费用为 1.7 元 /m^3。

4.3.2　药剂还原法

1. 技术原理

药剂还原法是通过向重金属废水中投加还原剂,将重金属离子还原为金属单质或者价态较低的金属离子,降低其毒性,然后再去除沉淀,达到无毒无害的目的。

(1)药剂还原法处理含铬废水的技术原理

药剂还原法处理含铬废水的基本原理是在酸性条件(pH<4 为宜)下,将六价铬转化为三价铬,然后可通过加碱(NaOH、石灰等)使 pH 值升至 7.5~9,使三价铬转化为氢氧化铬沉淀,从溶液中分离除去。

常用的还原剂有亚硫酸钠、亚硫酸氢钠、二氧化硫、硫酸亚铁等。还原剂的选择要因地制宜,全面考虑,采用亚硫酸钠或亚硫酸氢钠,具有设备简单、沉渣量少、利于回收利用等优点,因而应用较广;也有采用来源广、价格低的硫酸亚铁和石灰的,厂区有二氧化硫废气时,也可采用尾气还原法;厂区同时含有含铬废水和含氰废水时,可互相进行氧化还原反应,以废治废。

六价铬与亚硫酸钠的反应为:

$$H_2Cr_2O_7+3Na_2SO_3+3H_2SO_4 = Cr_2(SO_4)_3+3Na_2SO_4+4H_2O$$

六价铬与亚硫酸氢钠的反应为:

$$2H_2Cr_2O_7+6NaHSO_3+3H_2SO_4 = 2Cr_2(SO_4)_3+3Na_2SO_4+8H_2O$$

六价铬与硫酸亚铁的反应为:

$$H_2Cr_2O_7+6H_2SO_4+6FeSO_4 = Cr_2(SO_4)_3+3Fe_2(SO_4)_3+7H_2O$$

(2)药剂还原法处理含汞废水的技术原理

药剂还原法去除汞,常用的还原剂为比汞活泼的金属(铁屑、锌粒、铝粉、铜屑等)、硼氢化钠、醛类、联胺等。当汞在废水中以有机汞形式存在时,通常先用氧化剂(如氯)将其破坏,使之转化为无机汞后,再用还原法进行处理。

金属还原除 Hg(Ⅱ),将含汞废水通过金属屑滤床,或与金属粉混合反应,置换出金属汞。置换反应速度与接触面积、温度、pH 值等因素有关。如铁屑还原 Hg(Ⅱ)的反应如下:

$$Fe+Hg^{2+} \longrightarrow Fe^{2+}+Hg\downarrow$$

$$2Fe+3Hg^{2+} \longrightarrow 2Fe^{2+}+3Hg\downarrow$$

硼氢化钠还原除 Hg(Ⅱ),在碱性条件(pH=9~11)下,硼氢化钠可将汞离子还原成汞,其反应为:

$$Hg^{2+}+BH_4^-+2OH^- \longrightarrow Hg\downarrow+3H_2\uparrow+BO_2^-$$

2. 适用范围及优缺点

(1)适用范围

药剂还原法常用于含铬、含汞、含铜等废水的处理。

(2)优点

药剂还原法具有操作简单易行、效果明显、见效快等技术优势。

(3)缺点

投加药剂成本高、废渣量大、占地面积大,并且由于投加了大量的化学药剂,容易对水体造成二次污染。

3. 构造及设计运行

以硫酸亚铁 + 石灰法处理含铬废水为例,处理构筑物有间歇式和连续式两种,其工艺流程如图 4-33 所示。间歇式适用于含铬浓度变化大、水量小、排放要求严格的含铬废水;连续式适用于浓度变化小、水量较大的含铬废水。反应池一般为矩形,当采用连续式处理方式时,反应池宜分为酸性反应池和碱性反应池两部分,反应池中应设置搅拌设备。

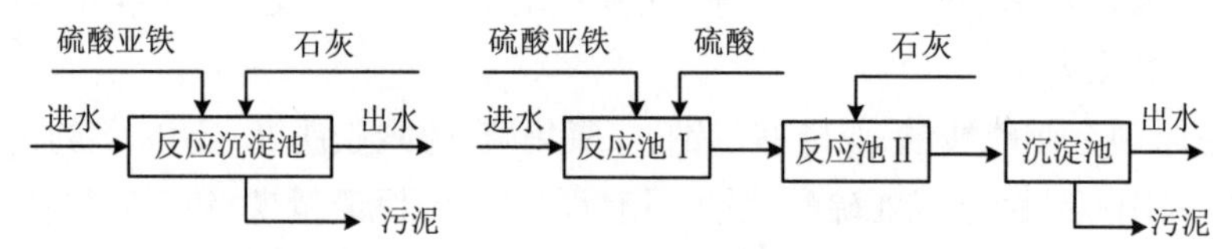

图 4-33 硫酸亚铁 + 石灰法处理含铬废水工艺流程图

(a)间歇式 (b)连续式

硫酸亚铁 + 石灰法的主要工艺设计参数为:

①废水六价铬浓度为 50~100 mg/L;

②还原时废水 pH=1~3;

③还原剂用量 Cr^{6+} : $FeSO_4 \cdot 7H_2O$=1 : 25~30

④反应时间不小于 30 min;

⑤中和沉淀 pH=7~9。

4. 应用案例

重庆某化工企业由红矾钠车间、铬粉车间、铬酸酐车间、氧化铬绿车间组成。含铬废水来自铬盐生产车间的工艺废水、地坪冲洗水以及渣渗滤液,废水日排放量约为 2 400 m^3,高产期间日排放量可达 3 000 m^3。废水中 Cr^{6+} 含量大约在 200 mg/L 以内,有时高达 800 mg/L。

企业采用二氧化硫还原沉淀法处理含铬废水。所用 SO_2 经现场制备生成,硫黄在 SO_2 发生炉中与鼓风机送来的空气混合(炉温: 300~500 ℃; 风压: 15~25 kPa),燃烧生成约含 8%SO 的混合气体,经空冷器冷却,再经洗涤器洗涤,除去升华硫后,依次进入 SO_2 一级吸收塔、SO_2 二级吸收塔、尾气碱洗塔，出碱洗塔尾气中 SO_2 的含量低于环保标准要求排放。

含铬废水首先进入调节池均质稳流，用废水泵输送至循环池中，用浓硫酸调节 pH 值至 2~3，再用循环泵输送到 SO_2 一级吸收塔、SO_2 二级吸收塔中（一级循环 30 min，二级循环 60 min），与经过洗涤后的 SO_2 接触吸收，SO_2 将 Cr^{6+} 还原成 Cr^{3+}，生成的 Cr^{3+} 与 NaOH 溶液中和反应，生成 $Cr(OH)_3$ 沉淀，加入絮凝剂絮凝过滤后，滤渣回收用作生产铬绿的原料，滤液可用于铬酸钠车间浸取工序循环使用。未吸收的 SO_2 利用 NaOH 溶液在尾气碱洗塔中吸收，尾气副产物 $NaHSO_3$ 用于废水处理终点微调。

污泥的主要成分是 $Cr(OH)_3$，通过压滤形成氢氧化铬滤饼，氢氧化铬滤饼经烘干、漂洗后，再经煅烧及粉碎制成三氧化二铬，也可将氢氧化铬与硫酸反应制取碱式硫酸铬，从而形成铬盐产品的综合利用。

该装置经过长期运行，成效显著。

4.3.3　吸附法

1. 技术原理

重金属废水的吸附处理按吸附机理可分为物理吸附、化学吸附和生物吸附三大类。

物理吸附是由吸附质和吸附剂分子之间的作用力（范德华力）引起的，也称范德华吸附。范德华力存在于任何两分子间，故物理吸附可以发生在任何固体表面上。含重金属离子的废水中加入孔结构的具有高比表面积的吸附剂，重金属离子与吸附剂分子间存在的吸力就会把重金属离子吸附到吸附剂表面。由于结合力较弱，吸附热较小，因此吸附和解析速度较快，重金属离子容易解析出来而不发生性质上的变化。

化学吸附是指吸附剂与被吸附物质之间产生化学作用，吸附质分子与固体表面原子（或分子）发生电子的转移、交换或共有，生成化学键引起的吸附。由于固体表面存在不均匀力场，表面上的原子往往还有剩余的成键能力，当重金属离子碰撞到固体表面时，便与表面原子间发生电子的交换、转移或共有，形成吸附化学键的吸附作用。化学吸附法处理重金属废水正是利用具有特殊官能团的多孔结构与高比表面积吸附剂表面或内部含有大量的羟基、巯基、羧基、氨基等活性基团，与重金属离子以离子键或共价键进行螯合，形成三维立体网状结构的笼形分子，从而有效去除重金属离子。

生物吸附法是一种新型的、经济有效的废水重金属去除方法。生物吸附法是指生物体内具有特定类型的生物分子，能够吸附和富集水溶液中的某些离子。生物吸附过程主要依赖溶液中的金属离子与生物吸附剂之间的亲和力，生物材料分为生命体生物材料和非生命体生物材料。近年来，许多研究利用有生命或无生命的细菌作为生物吸附剂去除水体中的重金属，例如用于去除废水中重金属的芽孢杆菌、假单胞菌等。

2. 适用范围及优缺点

（1）适用范围

物理吸附适用于高浓度重金属废水的处理；化学吸附适用于低浓度、高污染，尤其适合于大量含痕量重金属离子的废水处理；生物吸附适用于低浓度重金属废水的处理。

（2）优点

吸附法作为传统的重金属废水处理方法具有操作简便、污染物去除效率高、能耗低、无二次污染、投资费用低等优点。

（3）缺点

传统吸附材料使用寿命短，难再生，难以回收重金属资源。

3. 影响因素

在重金属废水吸附处理过程中，影响吸附处理效果的因素包括吸附剂种类、吸附剂用量、反应体系 pH 值、吸附温度、吸附时间等。其中，吸附剂的选择是去除废水中重金属离子的关键。

（1）吸附剂种类

吸附剂的种类是影响吸附效果的重要因素。吸附剂的种类繁多，可分为碳基吸附剂、矿物吸附剂、高分子吸附剂和生物吸附剂四大类。

碳基吸附剂是固态炭材料，如活性炭、碳纳米管、石墨烯、生物炭等，吸附过程属于物理吸附。其中，活性炭具有发达的孔隙结构和较大的比表面积，对重金属具有较强的吸附能力，是应用最广泛、吸附效果较好的吸附剂。活性炭纤维是新一代高活性吸附材料和环保功能材料，是活性炭的更新换代产品，它可使吸附装置小型化，吸附层薄层化，吸附漏损小、效率高，可以完成颗粒活性炭无法实现的工作，但其价格昂贵，使其应用受到很大限制。

矿物吸附剂主要有黏土、珍珠岩、蛭石、膨胀页岩、天然沸石、硅藻土、膨润土及天然沉积物等。其中，硅藻土和膨润土是应用较多的矿物吸附剂。

高分子吸附剂又分为天然高分子吸附剂、合成高分子吸附剂、高分子复合吸附剂等。天然高分子及其衍生物吸附剂具有无毒、成本较低、来源丰富、制备工艺简单、可生化降解等优点，因其自身结构的多样性与分子内活性基团的较大选择性，许多合成高分子吸附剂及高分子复合吸附剂都是在天然材料的基础上，采用不同的改性工艺来制备。常用的天然高分子吸附剂包括纤维素、木质素、壳聚糖及其衍生物等。

生物吸附剂的微生物种类丰富，来源广泛，易于扩大培养且价格低，越来越受到重视。主要包括细菌、真菌和藻类等。表 4-8 所示为重金属废水处理常用的微生物。

表 4-8 重金属废水处理常用微生物

重金属离子	作生物吸附剂的微生物
Cd^{2+}	铜绿假单胞菌 *、枯草芽孢杆菌 *、大肠杆菌 *、仙影拳芽孢杆菌 *、柠檬酸细菌 *、苍白杆菌 *、根霉 **、酿酒酵母 **、马尾藻属 ***、囊叶藻属 ***、栅藻 ***、小球藻属 ***
CrO_4^{2+}, Cr^{3+}	动胶菌 *、产黄青霉 **、苍白杆菌 *
Pb^{2+}	链霉菌 *、根霉 **、黑曲霉 **、酿酒酵母 **、小球藻属 ***、马尾藻属 ***、囊叶藻属 ***
Hg^{+}	铜绿假单胞菌 *
As^{3-}	小球藻 ***
Zn^{2+}	链霉菌 *、发硫菌 *、黑曲霉 **、产黄青霉 **
UO_2^{3+}	动胶菌 *、链霉菌 *、根霉 **、产黄青霉 **
Ag^{+}	铜绿假单胞菌 *、枯草芽孢杆菌 *、大肠杆菌 *、仙影拳芽孢杆菌 *、酿酒酵母 **、小球藻 ***

续表

重金属离子	作生物吸附剂的微生物
La^{3+}	铜绿假单胞菌 *、枯草芽孢杆菌 *、大肠杆菌 *、仙影拳芽孢杆菌 *
Cu^{2+}	动胶菌 *、铜绿假单胞菌 *、枯草芽孢杆菌 *、大肠杆菌 *、仙影拳芽孢杆菌 *、根霉 **、酿酒酵母 **、苍白杆菌 *
Au^{+}	仙影拳芽孢杆菌 *、小球藻属 ***
Ni^{2+}	发硫菌 *、根霉 **
Sr^{2+}	微球菌 *
Th^{2+}	根霉 **、黑曲霉 **
Co^{2+}	黑曲霉 **、囊叶藻属 ***
Mn^{2+}	黑曲霉 **
Ra^{2+}	产黄青霉 **

注:* 表示细菌;** 表示真菌;*** 表示藻类。

(2)吸附剂用量

吸附剂的用量是影响吸附效果的另一个重要因素。一般随着吸附剂用量的增加,吸附效果越好,因为增加吸附剂的用量也就增加了溶液中的吸附位点。

(3)pH 值

在较低 pH 值时,溶液中的重金属离子呈阳离子状态,由于 H^{+} 浓度较高, H^{+} 对重金属离子存在竞争吸附,影响重金属离子的交换吸附,此时,吸附剂对重金属离子的去除效果较差;当溶液的 pH 值升高且重金属离子仍以离子形式存在时, H^{+} 的影响减弱,这时主要体现为重金属离子的交换吸附性能;当 pH 值进一步升高时,重金属离子发生水解,形成金属离子与一个 OH^{-} 结合的离子状态,吸附剂的表面更容易形成络合吸附,同时,溶液中的重金属离子还会形成难溶氢氧化物,吸附剂对重金属离子不仅起到交换吸附的作用,而且还起到晶种作用,加速氢氧化物沉淀的沉降,并在沉降过程中发生共沉淀作用,进一步吸附重金属离子沉降下来;当进一步增加 pH 值时,由于重金属离子已生成氢氧化物沉淀,其吸附剂的晶种作用增强,交换吸附能力减弱,同时, OH^{-} 对吸附剂发生竞争吸附,物理吸附增强,化学吸附减弱甚至没有,吸附量将有所下降。

(4)吸附温度

温度对吸附剂的吸附效果有一定的影响。温度较低时,随着温度的升高,吸附剂的吸附量增加;当达到一定温度时,随着温度的升高吸附剂的吸附量下降。这是由于吸附剂的吸附既有随温度升高离子交换能力增强的交换吸附,又有随温度升高吸附能力降低的分子吸附,吸附综合作用的结果是在一定温度范围内有较好的吸附效果。

(5)吸附时间

一般在开始吸附的一段时间内,吸附剂能快速地吸附溶液中的重金属离子。随着吸附时间的延长,重金属离子的去除率延长。当吸附时间超过一定值后,重金属离子去除率增大的越来越缓慢,说明此时已接近饱和吸附。当达到饱和吸附时,重金属离子的去除率随时间变化而变得很缓慢。

（6）重金属初始浓度

重金属初始浓度的影响体现在：一方面，去除率随重金属离子初始浓度的增大而减小，这说明金属离子浓度较高时，应增加吸附剂用量才能获得较高的去除率；另一方面，重金属离子的初始浓度会影响吸附剂最大吸附容量和吸附率，对吸附剂的用量起制约作用。另外，废水中重金属离子的初始浓度会影响到去除重金属离子所使用的方法，如重金属离子的初始浓度较高时，可能先选择沉淀法，再采用表面络合为主的化学吸附方法，也可能采用多种复合吸附剂进行吸附。

4. 应用案例

新疆天业（集团）有限公司位于新疆石河子市，是新疆生产建设兵团农八师的大型国有企业，其主营业务之——电石法聚氯乙烯也是兵团工业的支柱产业。新疆天业拥有年生产 120 万 t 聚氯乙烯、100 万 t 烧碱、200 万 t 电石、400 万 t 电石渣水泥、140 万 kW 热电的能力，是目前中国生产规模较大、产业化配套完整、技术先进、循环经济特征明显的电石法聚氯乙烯生产龙头企业。

在含汞废水处理方面，新疆天业与陶氏化学合作，采用吸附工艺除汞，使用专用脱汞吸附剂处理电石法氯乙烯合成工序产生的工业含汞废水，图 4-34 所示为除汞系统工艺流程图。系统于 2011 年 8 月份开始投入运行。

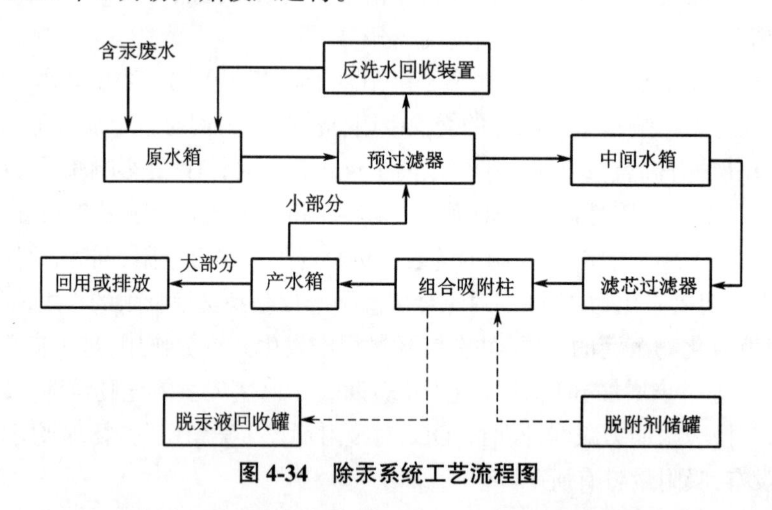

图 4-34　除汞系统工艺流程图

吸附除汞系统主体设备采用成套撬装装置，设计处理能力为 30 m^3/d，主要由预处理单元、吸附单元和脱附单元组成。含汞废水首先被收集在原水箱内，然后通过原水泵输送到装有 0.03 μm 薄膜的预过滤装置，以除去废水中的悬浮物、胶体和大分子有机物等；预处理出水进入中间水箱，再利用中间增压泵进入滤芯过滤器和组合吸附柱，利用吸附柱中的除汞吸附剂（Dow Ambersep MR10）吸附回收废水中的汞，使其出水汞含量能够稳定达到合格指标；合格的出水收集到产水箱，大部分可作为杂用水回用或排放，一小部分作为预过滤装置的反洗水；反洗水经过回收后返回到原水箱，以确保系统出水的汞含量满足要求。当吸附柱中的除汞吸附剂吸附饱和后，再使用脱附剂对其进行脱附处理，使其恢复除汞能力。

现场运行数据表明，吸附工艺对汞的去除率很高，达到了 99% 以上；装置出水中汞质量浓度能够稳定在 0.005 mg/L 以下，达到国家规定的排放标准；吸附剂的吸附容量大，经过 4 个多月的运行，尚未进行脱附再生；吸附剂受水中杂质离子的干扰小。采用吸附法处理含汞废水工艺简单，操作方便，出水水质稳定，不易造成二次污染。

4.4　预处理脱盐技术

化工企业在生产过程中，添加药剂和工艺助剂等技术形成了化工产品，同时也产生了大量的高盐废水。煤炭化工业、印染行业、农药生产等非常多的化工生产过程，都会产生大量的高盐化工废水。高盐废水是指总含盐质量分数至少为 1% 的废水。由于废水中离子浓度过高，会对微生物产生抑制和毒害作用，主要表现为：盐浓度高、渗透压高、微生物细胞脱水引起细胞原生质分离；盐析作用使脱氢酶活性降低；氯离子浓度高对细菌有毒害作用；盐浓度高，废水的密度增加，活性污泥易上浮流失，从而严重影响生物处理系统的净化效果。因此，高盐化工废水需要通过预处理脱盐技术来降低含盐量，以便于后续处理。

目前，废水脱盐处理方法主要有纳滤、反渗透、蒸发法、电渗析和离子交换法等。脱盐技术在我国已经得到充分的发展与研究，日趋成熟。在实际选用中，究竟哪种方法最好，何种脱盐技术处理成本最低，均不是绝对的，要根据脱盐规模大小、选材、当地能源价格、水质要求、地理气候条件、技术与安全性、投资来源与管理体制等实际条件而定。而脱盐技术的选择也不仅仅局限于单个脱盐技术，根据实际情况可选用多种脱盐技术及与传统技术进行集成。

4.4.1　纳滤

1. 技术原理

纳滤（NF）是 20 世纪 80 年代后期发展起来的一种介于反渗透和超滤之间的新型膜分离技术，早期称为“低压反渗透”或“疏松反渗透”。

纳滤膜分离孔径是纳米级，一般荷负电，具有松散的表面层结构，表面分离层是由聚电解质所构成，对不同价态的离子存在唐南（Donnan）效应，从而造成了对一价、二价离子的不同分离效果，一价离子可基本完全透过，对二价和高价离子具有较高的截留率，截留有机物的分子量在 200~1 000 MWCO，截留溶解性盐的能力为 20%~98% 之间。

图 4-35 所示为纳滤膜装置。纳滤膜两侧运行压差一般为 0.35~1.6 MPa。与反渗透相比，纳滤的操作压力较低（0.5~1.0 MPa），节能效果显著。在高盐废水处理领域，可以利用纳滤的选择性，实现一、二价盐的分离及高价盐溶液的浓缩。

图 4-35 纳滤膜装置

2. 适用范围及优缺点

(1)适用范围

纳滤适用于废水除盐和浓缩、水中三卤代物前驱物的去除、不同分子量有机物的分级和浓缩、废水脱色等领域。

(2)纳滤的技术优势

①浓缩纯化过程在常温下进行,减少了能量消耗,无相变,无化学反应,不带入其他杂质;

②以压力作为膜分离的推动力,设备结构简单紧凑,占地面积小,分离效率高;

③处理规模可大可小,操作简便,可实现自动化作业,稳定性好,维护方便;

④与反渗透膜相比,纳滤具有部分去除单价离子、过程渗透压低、操作压力低、节能等优点。

(3)缺点

纳滤作为膜技术的一种,也存在膜制造成本较高的缺陷,以及物理化学方面的耐久性和使用寿命问题,膜容易受污染和堵塞,每隔一定时间要进行清洗和换膜,增加了运行费用。

3. 构造及设计运行

常用的纳滤膜为卷式结构,如图 4-36 所示。其组件设计简单,填充密度大,内部结构为多个“膜袋”卷在中央渗透物管外形成,膜袋三边黏封,另一边黏封于中央渗透物管上,膜袋内以多孔支撑材料形成渗透物流道。膜袋与膜袋间以网状材料形成料液流道,料液平行于中央渗透物管流动,进入膜袋内的渗透物,旋转着流向中央渗透物管,并由中央渗透物管流出。

纳滤系统多采用错流过滤的方式。错流方式避免了在死端过滤过程中产生的堵塞现象。料液流经膜表面,在压力的作用下液体及小分子物质透过纳滤膜,而不溶性物质和大分子物质则被截留。料液具有足够的流速可将被膜截留的物质从膜表面剥离,连续不断的剥离降低了膜的污染程度,因而可在较长的时间内维持较高的膜渗透通量。错流过程同时避免了在死端过滤(如板框压滤机、鼓式真空过滤机)过程中依靠滤饼层进行过滤的情况,分离发生在膜表面而不是滤饼层中,因而滤液质量在整个过程中是均一而稳定的。滤液的质量取决于膜本身,使生产过程完全处于有效的控制之中。

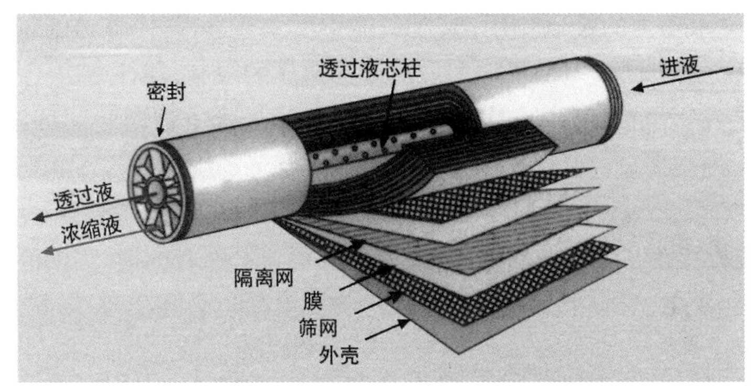

图 4-36　卷式纳滤膜结构示意

在设计纳滤系统时，正确掌握原水水质和产水要求是最基本的要素。膜元件型号的选择、水通量（单位膜面积的产水量）以及回收率的选择都是重要的设计步骤。一般尽可能设计高的回收率，这样可以减低供给水的量，减少预处理成本。但是，系统的回收率设计较高时，会增大结垢的风险，需要添加阻垢剂，同时，产水的水质下降，运行操作压力增高，泵和相关设备的费用增加。回收率和产水量的设计一定要符合安全标准，一般建议要有一定的设计弹性。

4. 影响因素

（1）压力

进水压力影响纳滤膜的水通量和脱盐率。由于纳滤膜分离的驱动力主要来自压力，所以增强压力有助于改善过滤效果。随着进水压力的增加，水通量也得到提高，但水通量并不能无限制增大。当压力达到一定数值时，膜表面会因为污染而出现凝胶固体层。此时，传质过程主要受凝胶层的阻力限制，压力的影响相比凝胶层的阻力可以忽略不计。由于纳滤膜透过水的速率比传递盐分的速率快，因此增加进水压力也会增大脱盐率，但是两者间没有线性关系，进水压力达到一定程度后脱盐率将不再增加，某些盐分还会与水分子耦合一同透过膜。

（2）温度

进水温度的变化对膜系统水通量的影响很大。随着水温的增加，水通量几乎以线性的速率增大。这主要是由于温度上升，透过膜的水分子黏度下降，扩散能力增加。增加水温还会导致脱盐率降低或透盐率增加，这是因为盐分透过膜的扩散速率会因温度的提高而加快。

（3）盐浓度

渗透压是水中所含盐分或有机物浓度和种类的函数。盐浓度增加会导致渗透压增加，因此进水驱动压力的大小，一般是由水中含盐量的多少决定的。如果压力保持恒定，含盐量越高，水通量就越低，渗透压的增加抵消了进水推动力，同时水通量降低，增加了透过膜的盐通量，同时也降低了脱盐率。

（4）回收率

回收率是指产水量和进水量的比值。如果膜元件的回收率增加（进水压力保持恒定的情况下），残留在原水中的含盐量会更高，自然渗透压将不断增加，直至与施加的进水压力相同,这将抵消进水压力的推动作用,减慢或停止反渗透过程,使渗透通量降低甚至停止。纳滤和反渗透系统最大回收率并不一定取决于渗透压的限制,往往取决于原水中的含盐量和它们在膜面上发生沉淀的倾向,应该采用原水化学处理方法阻止膜因浓缩过程引发的结垢。

(5)pH 值

纳滤膜的脱盐特性取决于 pH 值。纳滤膜的外层通常附有电荷,当溶液 pH 值发生改变时,电荷性质也会变化,溶液中其他需要分离的物质电荷也会随之改变,从而进一步影响膜分离的效果。

5. 应用案例

中煤鄂尔多斯能源化工有限公司一期年产 100 万 t 合成氨、175 万 t 尿素。企业采用超滤与纳滤组合的膜分离装置处理产出的煤化工高盐废水,对高盐水中的氯化钠和硫酸钠进行分离回收,实现固废减量化和废水零排放。

图 4-37 所示为纳滤分盐的工艺流程图。企业生产过程产生的煤化工含酚废水经过生化处理、反渗透膜浓缩后,产出浓盐水约 60 m^3/h。反渗透浓盐水进超滤膜装置进行预处理,超滤产水进纳滤装置,分离出氯化钠和硫酸钠溶液,经蒸发结晶可分别制备出高纯度的氯化钠和硫酸钠晶体,超滤膜浓水及蒸发结晶的母液回杂盐处理装置进行后续处理。

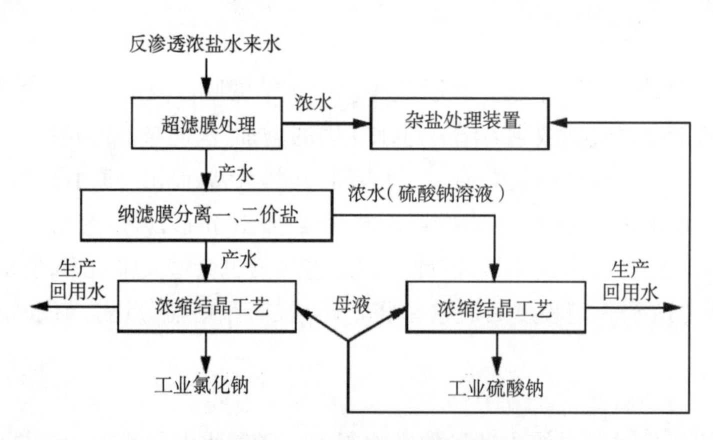

图 4-37 纳滤分盐工艺流程图

纳滤分盐处理系统主要包括超滤膜装置、纳滤膜装置、PLC 自动化控制、膜清洗系统等。超滤依据来水条件及纳滤膜进水条件选用管式超滤膜或卷式超滤膜;纳滤选用卷式纳滤膜组件。当膜系统进、出口压力差值超过设定值或者到达一定运行周期时,需分别对超滤膜及纳滤膜采用盐酸或者碱性清洗液进行清洗。整套工艺采用全自动化 PLC 控制,实时调整工艺参数,在线跟踪设备运行状况,运行过程中,可实现一边工作一边清洗,实现了 24 h 自动化连续运行的模式。

设备运行情况表明:纳滤膜系统运行稳定,反渗透浓盐水来水水质和纳滤出水水质如表 4-9 所示。纳滤分离出的硫酸钠和氯化钠溶液,经蒸发结晶后,能够产出高纯度的硫酸钠和氯化钠(质量分数均达到 98%),达到了工业盐一级标准。氯化钠和硫酸钠的回收率达到了

95% 以上，5% 的杂盐另行处理。回收的产水符合循环补充水水质要求，返回至化工厂循环水系统进行回用，蒸发冷凝水可直接作为生产回用水，超滤浓水、结晶母液作为杂盐另行转化处理。

表 4-9　进出水水质

检测指标	pH 值	COD（mg/L）	电导率（mS/cm）	浊度 NTU	Cl^-（mg/L）	SO_4^{2-}（mg/L）	总硬度（mg/L）
浓盐水来水	9.6	234.14	37.2	0.5	10 840	5 812	—
硫酸钠溶液	8.5	1 463.36	47.7	20	7 214.24	76 271.94	<10
氯化钠溶液	9.8	120.24	< 0.5	20	10 584.58	108.64	—

4.4.2　反渗透

1. 技术原理

反渗透是渗透的逆过程，即对膜一侧的溶液附加一个大于溶液渗透压的驱动力，从而使溶液中的水透过到膜的另一侧，且只有水分子能透过的分离过程。反渗透膜技术是以渗透压差作为推动力的一类膜分离过程，它能阻挡所有溶解性盐及分子量大于 100 的有机物，膜的一侧得到可回用的清水，另一侧得到含盐量较高的浓水。醋酸纤维素反渗透膜脱盐率一般可大于 95%，复合反渗透膜脱盐率一般大于 98%。

反渗透最初只是用于海水淡化，随着反渗透膜分离技术的日益成熟及其在脱盐净化方面的优势，使反渗透技术日益应用到化工、食品等多领域。随着反渗透膜法应用领域的日渐广泛，对其操作条件以及材质、特性都有了更高要求。从最初的高压非对称醋酸纤维膜到低压复合膜，再到现在诞生的超低压复合膜均得到了普遍应用。与此同时，膜组件结构也多种多样，如中空式、管式、卷式等。图 4-38 所示为反渗透装置的现场图片。

图 4-38　反渗透装置

2. 适用范围及优缺点

（1）适用范围

反渗透技术已在苦咸水、海水淡化、纯水、超纯水制备以及物料预浓缩等领域得到了迅速发展并取得了良好的处理效果。

（2）反渗透法的技术优势

①能耗低，反渗透膜分离不涉及相变，在常温下操作，对能量要求低；

②分离条件温和，能够用于热敏感物质的分离；

③操作方便，设备结构紧凑、占地少、维修成本低、自动化程度高。

（3）反渗透法的缺点

①膜面易发生污染，膜分离性能降低，故需采用与工艺相适应的膜面清洗方法；

②稳定性、耐药性、耐热性、耐溶剂能力有限，故使用范围有限；

③单独的膜分离技术功能有限，需与其他分离技术连用。

3. 构造及设计运行

反渗透系统膜组件的构造与纳滤基本相同。反渗透系统的设计主要取决于原水和产水的水质以及系统的回收率，主要有以下几个方面。

（1）反渗透膜的选择

反渗透膜是实现反渗透过程的关键。根据特定的水质，首先要选择合适的反渗透膜元件作为设计的基础。根据原水的含盐量、进水水质的情况和对产水水质的要求，一般将膜元件分为五大类：苦咸水脱盐、超低压、低污染、纳滤和海水淡化。膜材质应用比较广的是醋酸纤维素膜和芳香族聚酰胺膜两种。

（2）操作压力的选择

根据原水的进水水质和系统需要设计的回收率来选择不同压力等级的膜元件。对于相同的水质，压力越高，系统的回收率越高，但是随之吨水的处理成本也越高。

（3）产水通量和回收率的确定

根据对进水水质和产水水质的不同要求，决定单位面积的产水通量和回收率。产水通量可以参照各家膜生产商的设计导则。回收率的设定要考虑原水中含有难溶盐的析出极限值。通常，单位面积产水量和回收率设计得过高，发生膜污染的可能性会大大增加，造成产水量下降，清洗膜系统的频率增多，维护系统正常运行的费用增加。所以，进行系统设计时，尽量采用有余量的产水通量和回收率。

（4）理论膜元件的数量

当确定了设计产水通量 J 和产水量 Q 时，所需理论膜元件数量 N_e 可以按照下列公示计算。

$$N_e = \frac{Q}{J \times S}$$

式中 Q——产水量（m^3/h）；

J——单位面积产水通量（LMH）；

S——膜元件面积（m^2）；

N_e——理论膜元件数(支)。

(5)膜的清洗条件

膜表面的结垢直接造成 TMP 增加或膜通量的衰减,优化的膜清洗条件可以有效防止膜的有机物与生物结垢,从而达到更高的设计膜通量。

表 4-10 所示为美国海德能公司 RO 系统设计部分参数及允许值。

表 4-10　RO 系统设计参数及允许值

原水水源		RO 产水	地下水(软化)	地表水(MF/UF)	深井海水(MF/UF)	表面海水(传统)	废水(MF/UF)
进水参数极限	SDI_{15}	1	2	2	3	4	2
	浊度	0.1					
	TOC, mg/L as C	2	2	2	2	2	5
	BOD, mg/L as O_2	4	4	4	4	4	10
	COD, mg/L as O_2	6	6	6	6	6	15
	进水温度, ℃	0.1~45					
系统平均产水通量 GFD/LMH		21/35.7	16/27.2	16/27.2	10/17	8/13.6	11/18.7
首支膜最大产水通量 GFD/LMH		30/51	27/45.9	21/35.7	24/40.8	20/34	16/27.2
产水通量年衰减率,%		5	7	7	7	7	12
产水脱盐率年增加率,%		5	10	10	10	10	10
单支膜最大 β 值		1.40	1.20	1.20	1.20	1.20	1.20
单只压力容器最大浓水流量,m^3/h	4″	3.6	3.6	3.6	3.6	3.6	3.6
8″	17.0	17.0	17.0	17.0	17.0	17.0	
单只压力容器最低浓水流量,m^3/h	4″	0.45	0.68	0.68	0.68	0.68	0.68
8″	1.82	2.73	2.73	2.73	2.73	2.73	
膜元件最大压力损失,MPa		每支 40 英寸(101.6 cm)长的膜元件为 0.07					

4. 应用案例

(1)煤化工废水

新疆某煤化工废水处理工程采用两级反渗透膜装置作为后续机械蒸汽再压缩装置(MVR)的预处理工艺,利用两级膜中的高效反渗透技术(HERO)对一级反渗透膜中的浓缩液进一步深度处理,以减少 MVR 蒸发结晶的规模,降低整个煤化工废水零排放的设备投资成本。

项目废水主要来自该厂区生化装置处理出水、循环水厂排废水和脱盐水站排废水。设计进水量为 1 500 m³/h，设计进出水水质如表 4-11 所示。

表 4-11 设计进出水水质

项目	电导率（mS·cm⁻¹）	总硬度（mg·L⁻¹）	COD（mg·L⁻¹）	pH	氯化物（mg·L⁻¹）	硫酸盐（mg·L⁻¹）	全硅（mg·L⁻¹）
含盐废水	3.2	500	50	6.5~8.5	400	350	45
一级 RO 出水	≤ 0.15	≤ 3	≤ 2	6.5~7.5	≤ 15	≤ 30	≤ 0.5
二级 HERO 出水	0.3	3	5	6.5~7.5	30	30	≤ 0.5

一级 RO 选用陶氏抗污染系列膜片，采用一级二段膜工艺，产水满足优质再生水水质指标。处理水量 1 350 m³/h，共 6 组，并联运行，回收率≥ 90%，设计进水压力 1.2 MPa，最大运行压力≤ 1.7 MPa，膜通量（15 ℃）≤ 15 L/（m²·h），单组产水量 168.8 m³/h。

二级 HERO 膜采用一级两段膜工艺，处理水量 370 m³/h，共 3 组，并联运行，回收率≥ 80%，膜通量（15 ℃）≤ 15 L/（m²·h），单组产水量 164.5 m³/h。

从工程运行效果来看，一级 RO 膜系统回收率达到 75%，脱盐率可达到 97%，产水达到回用水优质再生水Ⅰ类；二级 HERO 膜回收率达到 80%，产水达到回用水优质再生水Ⅱ类，HERO 浓水 TDS 的质量浓度可达到 30 g/L，浓水进入 MVR 蒸发浓缩，得到无水硫酸钠晶体，满足 GB/T 6009—2014 中Ⅱ类合格品标准。两级反渗透膜装置保证了高回收率、出水水质稳定和低运行成本，是目前煤化工废水实现零排放的绿色、经济处理工艺。

（2）硝酸铵生产工艺废水

山东某化工厂的硝酸铵生产废水中盐含量在 1 000~5 000 mg/L。由于山东省废水排放要求比较严格，氨氮含量高于 6 mg/L 的废水不能外排，导致传统的生化处理工艺难以达标，必须采用物化方法来解决。因此，该化工厂选用以反渗透为主体的膜处理工艺，膜处理后达标的净水进行回用，浓水回收其中的硝酸铵，具体工艺流程如图 4-39 所示。

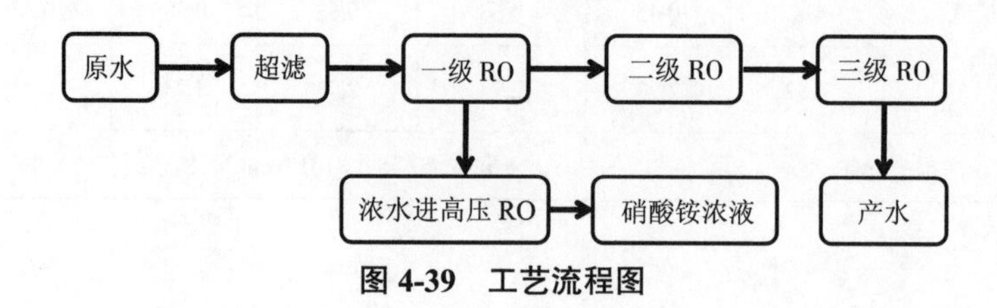

图 4-39 工艺流程图

RO 采用三级系统，第一级系统将进水浓缩至 28 000 mg/L，产水依次进入二级 RO 系统和三级 RO 系统。一级 RO 浓水经过高压 RO 系统的浓缩后可将废水中硝酸铵浓度提高至 15% 以上，回用于后续生产系统。二级 RO 和三级 RO 的浓水由于浓度较低，直接回到一级 RO 前端，进行合并处理。产水经过二级 RO 和三级 RO 处理后，氨氮浓度小于 6 mg/L，可以回用于生产。

该项目的低压反渗透系统选用陶氏化学的抗污染膜产品 BW30XFR-400/34i，通过专有的膜表面改性技术和卷膜技术的改进，使膜的亲水性进一步提高，抗污染能力更强，而且具有高脱盐率。高压反渗透系统由于运行压力较高，本项目选择 16 MPa 的反渗透膜元件，该膜元件不仅抗压性好，更重要的是当压力消失或突然停机时，水锤作用对反渗透膜元件的影响要远低于传统的卷式膜。在实际运行中可以通过产水流量的变化及压力的降低对破损的膜元件进行报警，并通过出水的变化判断出是哪根膜柱出现了问题，并进行更换。

项目连续运行一年的结果显示，三级 RO 产水的氨氮浓度为 1.5 mg/L，稳定并低于排放标准值，高压反渗透系统对硝酸铵废水的回收率超过 98%。项目吨水处理成本为 3.33 元，产水和浓水都可以回用，实现了零液排放，经济效益和环境效益显著。

4.4.3　蒸发法

蒸发法是一种最古老、最常用的脱盐方法，主要包括多效蒸发、多级闪蒸、机械蒸汽再压缩、膜蒸馏等，各装置如图 4-40 所示。目前工业废水的蒸发脱盐技术基本上都是从海水淡化技术基础上发展而来的，应用较多的是多效蒸发（MED）、机械蒸汽再压缩（MVR）和膜蒸馏（MD）。

（a）

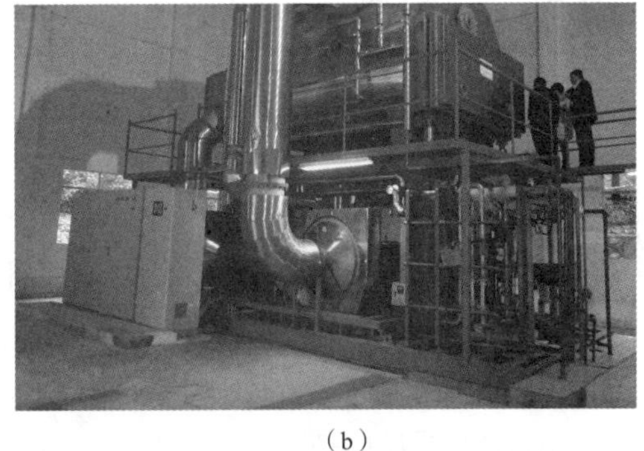

（b）

（c）

（d）

图 4-40　蒸发装置

(a) 三效蒸发；(b) 机械蒸汽再压缩；(c) 多级闪蒸；(d) 膜蒸馏

1. 多效蒸发

(1)技术原理

多效蒸发的原理是让加热后的盐水在多个串联的蒸发器中蒸发,将加热蒸汽通入其中一个蒸发器,将溶液受热而沸腾产生的二次蒸汽当作加热蒸汽,引入另一个蒸发器,只要后者蒸发室压力和溶液沸点低于原来的蒸发器,则引入的二次蒸汽即能起到加热热源的作用。同理,第二个蒸发器新产生的二次蒸汽又可作为第三个蒸发器的加热蒸汽。这样,每一个蒸发器即称为一效,将多个蒸发器连接起来一同操作,即组成一个多效蒸发系统。工业上必须对操作费和设备费作出权衡,以决定最合理的效数。最常用的为二、三效,而最多为六效。

(2)适用范围

多效蒸发广泛应用于医药、食品、化工、轻工等行业的水或溶液的蒸发浓缩,并可广泛用于以上行业的废水处理。

(3)技术优势

①多效蒸发的传热过程是沸腾和冷凝换热,传热系数比较高,物料受热时间短,蒸发温度低,可有效降低设备腐蚀;

②多效蒸发充分利用蒸汽的潜热,使热量排放尽量降低,减少了生蒸汽消耗;

③多效蒸发器换热管不易结垢,传热效率高,操作弹性大,运转可靠,操作周期长;

④多效蒸发器的动力消耗少,多效蒸发器蒸发水分依赖的是含盐废水所吸收的潜热,而潜热远远大于显热,而且在多效蒸发系统中用于输送液体的动力消耗也很低,降低了废水处理成本,这一点对于用电成本较高的地区尤为重要;

⑤多效蒸发器对含盐废水进料要求低,简化了含盐废水的预处理过程。

(4)缺点

①多效蒸发产品过于笨重,而且零部件比较多,拆卸和安装都比较麻烦;

②多效蒸发的工作原理复杂,而且要随时观察管内的温度,需要有人一直在机器旁边;

③多效蒸发时,随着效数的增加,传热的温度差损失增大,使蒸发器的生产强度大大下降,设备费用成倍增加。

(5)构造及工作原理

以三效蒸发器为例说明多效蒸发装置的构造及工作原理(图4-41)。需要蒸发的高含盐废水经进料泵送入一效加热器加热,然后进入蒸发器进行蒸发,在分离室中进行气液分离,溶液从分离室底部流入循环泵吸入口,利用循环泵送入加热器、蒸发器、分离室进行循环流动与蒸发,蒸发出来的蒸汽进入冷凝器冷凝。蒸发换热室内外接蒸汽液化产生汽化潜热,对废水进行加热。由于蒸发换热室内压力较大,物料在蒸发换热室中高于正常液体沸点压力下加热至过热,加热后的液体进入结晶蒸发室后,物料的压力迅速下降,导致部分物料水溶液闪蒸或者沸腾。废水蒸发后的蒸汽进入二效蒸发器作为动力蒸发器进行加热,未蒸发废水和盐分暂存在结晶蒸发室。一效、二效、三效蒸发器之间通过平衡管相通,在负压作用下,高含盐废水由一效向二效、三效依次流动,废水不断被蒸发,废水中的盐浓度越来越高,当盐分超过饱和状态时,就会不断地析出,进入蒸发结晶室下部的集盐室,整个过程周而复始,最终实现盐水分离。

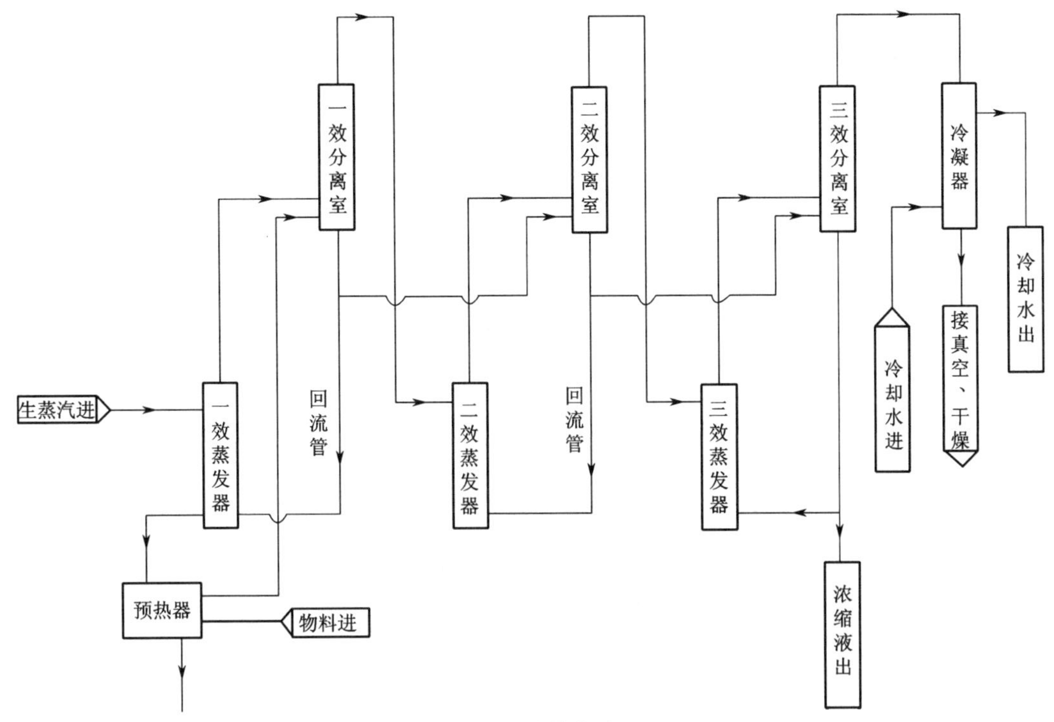

图 4-41　三效蒸发流程图

冷凝器连接有真空系统，真空系统抽掉蒸发系统内产生的未冷凝气体，使冷凝器和蒸发器保持负压状态，提高蒸发系统的蒸发效率。在负压作用下，三效蒸发器中的废水产生的二次蒸汽自动进入冷凝器，在循环冷却水的冷却下，废水物料产生的二次蒸汽迅速转变成冷凝水。冷凝水可采用连续出水的方式，回收至回用水池。

(6)影响因素

①物料特性。物料的主要特性参数有密度、比定压热容、导热系数、黏度、沸点升高、焓值、表面张力、热敏性及腐蚀性等。其中，密度、比定压热容、导热系数和黏度主要影响物料侧的传热系数，传热系数的不同会直接影响蒸发面积的设计计算。物料的表面张力主要影响物料的汽液分离过程和分离器直径和高度的选择，在膜式蒸发中还会影响物料的布膜情况。物料的沸点升高主要影响工艺流程的选择、蒸发温度的选择、温度梯度分布、效数或压缩机的选择。物料的黏度除了影响传热系数，还会对蒸发器型式的选择有影响。对浓度及黏度较高的物料，须选择强制循环或刮板式蒸发器，以防止物料流动速度过慢发生结焦现象。物料的热敏性要求物料在蒸发器中停留的时间要短，否则会使物料发生质变，则需减少蒸发器的效数或级数，减少物料在蒸发器中的循环时间。如果蒸发物料对最高或最低蒸发温度有要求，设计时一定要考虑蒸发温度、蒸发器型式及流程。物料的腐蚀性特别是物料在高温下的腐蚀性，是蒸发设备选材的一个重要因素。

②海拔。海拔是反映一个地区地势高低的物理量。海拔高，当地的气压小，表压降低，对应的溶液沸点降低。海拔高度对多效蒸发的影响直接体现在系统的真空度。多效蒸发大多在负压下运行，须采用真空系统获得负压。海拔高低会影响真空系统的极限真空。在海

拔高的地区蒸发器总的传热温差会减小,在多效蒸发设计时要充分考虑。

③工艺参数。对多效蒸发而言,蒸发器的处理量及蒸发量对设备的大小有决定性影响,效数的多少、蒸发面积的大小,都会直接影响设备的投资成本。加热蒸汽的温度是进行效数选择的重要因素,应当充分考虑,使各效的传热温差处于合理水平,这也就决定了蒸发设备的最大效数。能耗比决定蒸发器的最小效数,末效冷却水的问题影响末效蒸发温度的高低以及末效冷凝器的选择,物料的浓缩比影响蒸发器型式的选择和面积的计算等。

④设备运行及操作。多效蒸发装置实际运行效率的高低既与前期的设计有关,还与后期的安装调试及操作运行有关,通常设备在运行及操作时产生的问题更多且具有不确定性。

真空度是多效蒸发中一个很重要的参数,真空度不仅影响蒸发温度,还会对蒸发量、能耗比产生影响;效间温差是某两效之间发生温差脱节的现象,会使前面各效蒸发量大幅降低,严重影响蒸发效果,同时会使能耗增加;进料量、进料浓度、进料温度等进料参数也是影响多效蒸发效能的重要因素;在带有引射器的蒸发系统中,当混合流体出口压力在某一范围时,引射器喷射系数基本不变,当压力高于某一值时,引射器性能会急剧下降;泵是蒸发系统中主要的动力设备,多效蒸发系统中泵多采用双机械密封的型式,泵机械密封的好坏、泵实际运行时的流量、扬程都会对蒸发系统产生影响。

(7)应用案例

宁夏某精细化工有限公司年产1万t甲磺胺、2万t精萘和1万t氯磺酸。甲磺胺等物质是生产樟脑、除草剂苯磺隆的主要原料,同时还是糖精、染料及医药生产的中间物。在生产过程中排放的废水色度深,成分复杂,含有多种芳香烃类化合物和有毒的有机溶剂,如邻氨基苯甲酸甲酯、邻苯甲酰磺酰亚胺、甲醇、邻氯苯甲酸甲酯、苯酐等。除此之外,废水中还含有大量的铜离子和硫酸盐、亚硫酸盐、硝酸盐等无机盐,盐含量高达12%,属典型的高盐难降解有机废水。此类废水采用传统的厌氧、好氧等生化处理工艺很难有效降解,鉴于此,该公司采用三效蒸发技术去除废水中的盐分,再进行传统生化处理的组合工艺,建设了400 m^3/d的废水脱盐及污染物去除工程。工艺流程如图4-42所示。

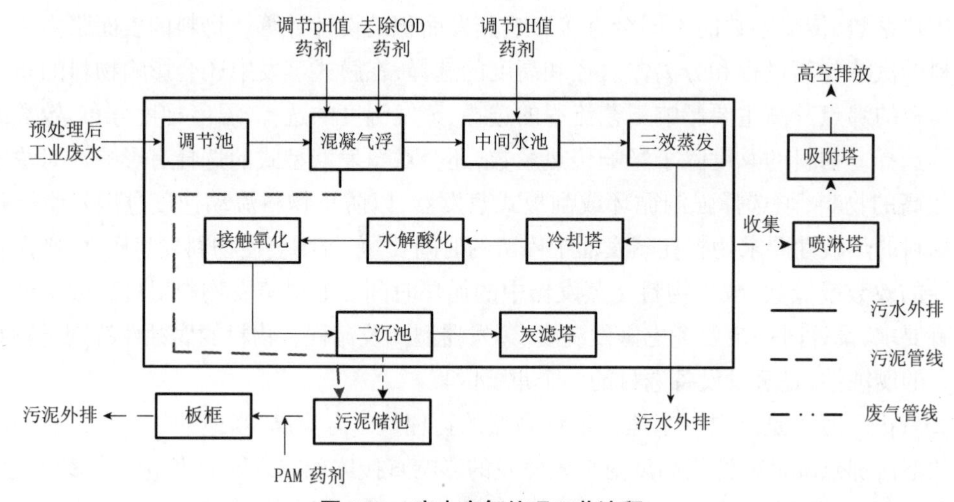

图4-42 废水废气处理工艺流程

三效蒸发单元采用地上结构成套装置，设置有进水泵、中间循环泵、强制循环泵、搅拌机、出料泵、冷凝水泵等设备，设计蒸发量为 20 m³/ h。由于废水中氯离子含量较高会对设备产生腐蚀作用，所以蒸发设备热交换器选用耐腐蚀钛材制作。为了防止废水蒸发过程中盐分结晶沉积，设备采用强化浓缩搅拌和强制循环，以提高系统传热和蒸发效率，避免管道堵塞。该单元对盐度去除率达到 98%~99%，蒸发后出水釜残有白色结晶析出，结晶体积占浓缩母液体积的 50%，釜残离心后废水回到处理前端，混合盐为硫酸钠和氯化钠，渣滓按照危险废弃物交给有资质单位处置。冷凝出水浅黄色，有异味，蒸馏水中含分子质量较小的有机物，可生化性较好。经过冷却塔降温，废水温度 <35℃ 后进入水解酸化池进一步去除 COD。

蒸发过程中的沸点、pH 值和 COD 变化情况如表 4-12 所示。根据蒸发系统运行情况进行核算，每蒸发 1 m³ 废水需要 0.4~0.5 m³ 蒸汽。参照当地蒸汽费用，折合后每蒸发 1 m³ 废水需要 50 元。

表 4-12　蒸发过程中的沸点、pH 值和 COD 变化

馏出液体积（mL）	沸点（℃）	馏出液 pH 值	母液 pH 值	馏出液出水 COD（mg/L）
0	102	7	—	—
500	104	7	—	6 300
1 000	106	6~7	—	2 810
1 800	110	6~7	7~8	2 150

2. 机械蒸汽再压缩

（1）技术原理

机械蒸汽再压缩技术是指在蒸发过程中，从蒸发器出来的二次蒸汽，经压缩机压缩，压力、温度升高，热焓增加，然后送到蒸发器的加热室当作加热蒸汽使用，使料液维持沸腾状态，而加热蒸汽本身则冷凝成水，从体系中排出。原溶液被浓缩后，在结晶器中析出无机盐，从体系中排出。此过程不但回收了潜热，提高了热效率，还节省了部分冷凝水系统，实现了节能节水的目的。

（2）适用范围及优缺点

MVR 蒸发器是传统多效降膜蒸发器的换代产品，是在单效蒸发器的基础上对二次蒸汽再压缩重新利用。凡单效及多效蒸发器适用的物料，均适合采用 MVR 蒸发器，在技术上具有完全可替代性，并具有更优良的环保与节能特性。其技术优势是：

①只需动力源不需热源，没有废热蒸汽排放，节能效果十分显著，相当于普通十效蒸发器；

②运用该技术可实现对二次蒸汽的逆流洗涤，因此，冷凝水干物含量远低于多效蒸发器；

③采用低温负压蒸发（40~100 ℃），可降低结垢和热损，并有利于防止被蒸发物料的高温变性。

表 4-13 对比了几种典型的蒸发器，可以看出，MVR 在能耗、运行成本、控制方式等方面都具有显著的技术优势。但是 MVR 也存在不能减排污染物、维修维护工作量大等问题，有待改进完善。

表 4-13 几种典型蒸发器性能对比

项目	反应釜	单效蒸发器	多效蒸发器	MVR 蒸发器
能耗	能耗极高，蒸发 1 t 水大约需要 1.5~2 t 的鲜蒸汽	能耗较高，蒸发 1 t 水大约需要 1.2 t 的鲜蒸汽	能耗较低，五效蒸发器蒸发 1 t 水大约需要 0.3 t 鲜蒸汽	能耗低，蒸发 1 t 水大约需要 15 ~55 kw/h 的电耗
能源	新鲜蒸汽	新鲜蒸汽	新鲜蒸汽	工业用电
运行成本	极高	高	较低	低
产品质量	产品停留时间长，质量不稳定，对产品质量影响大	产品停留时间短，温差大，对产品质量影响小	产品停留时间较长，温差较大，对产品质量影响小	产品停留时间短，低温蒸发，对产品质量影响小
控制方式	人工操作	半自动	半自动	全自动
出料方式	间断	间断	间断	连续 / 间断
占地面积	小	小	大	小

（3）构造及工作原理

MVR 蒸发器的工作原理如图 4-43 所示。原料液通过蒸发器吸收来自蒸汽的热量后进入闪蒸罐中蒸发浓缩，达到要求的浓缩液直接进入下一道工序；而所蒸发出来的低压乏汽则通过蒸汽压缩机压缩做功，以提高其温度和压力，增加热焓值，提高乏汽的品位，将压缩后的二次蒸汽送入蒸发器中，与物料进行换热，充分利用了蒸汽的潜热，达到节能效果，整个蒸发过程中除了开车所用的新鲜蒸汽，不再需要补充。

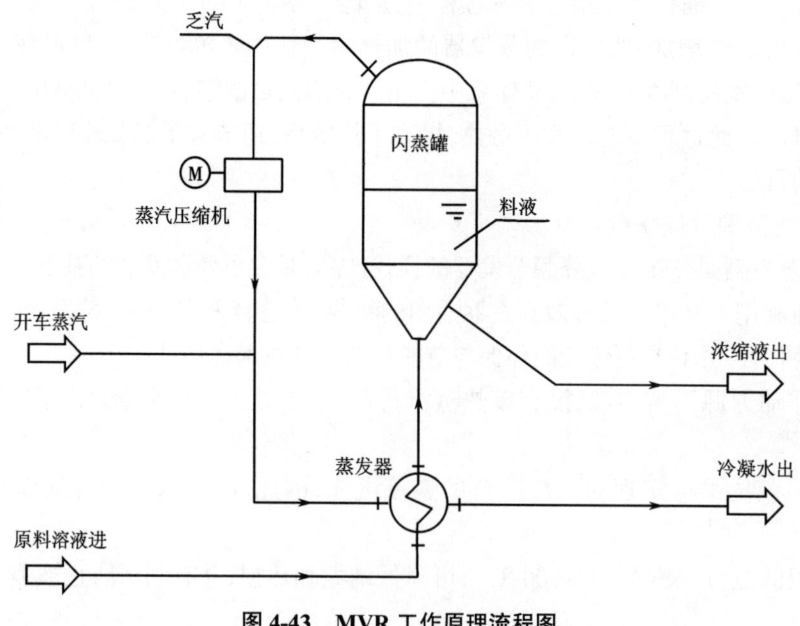

图 4-43 MVR 工作原理流程图

（4）影响因素

①物料特性。与多效蒸发法一样，MVR 的蒸发效果也受到密度、比定压热容、导热系数、黏度、沸点升高、焓值、表面张力、热敏性及腐蚀性等物料特性参数的影响。

②海拔。海拔高度对 MVR 蒸发的影响直接体现于系统的真空度以及对应饱和蒸汽的热工参数。为降低能耗，MVR 蒸发多数选择在负压下运行，其负压的获得需采用真空系统。真空系统另一个作用是将 MVR 蒸发装置中的不凝气抽出，海拔高低会影响极限真空度。海拔会对蒸汽热工参数有影响，在 MVR 蒸发设计时要充分考虑。

③工艺参数。处理量和蒸发量决定 MVR 设备的规模、效级的数量、蒸发面积的大小和设备投资的成本。进料浓度和出料浓度直接影响传热的计算和蒸发温度的选择，进而影响压缩机进出口温度的选择。由于蒸发强度的问题，出料浓度还会影响蒸发器形式的选择和蒸发流程的设计。MVR 蒸发装置在工艺设计中要做到能量的极大化利用，因此在考虑满足进出口物料温度的情况下，通过工艺变化将冷凝水、冷却水的出口温度降至最低。

④设备运行及操作。设备运行及操作的影响包括进料参数的变化、MVR 压缩机工况变化、分离器的影响、泵的影响等。

蒸发系统在正常运行时，进料量有一定的范围，进料量过大，会影响蒸发传热系数，使蒸发量发生变化，出料的浓度会降低，进料量过小时，各效蒸发器物料侧流量大大减少，不仅会使蒸发温度升高，严重时会造成干烧、结焦的现象；进料浓度变化会引起物料物性的变化，会直接影响传热系数以及沸点升高的变化；进料温度会影响物料的物性，从而影响物料侧的传热系数；MVR 压缩机是此蒸发装置中关键设备之一，主要的参数有流量、进出口温度、电流等；分离器性能主要受蒸发量、蒸发温度、物料黏度、表面张力、循环量、分离器液位等因素的影响；MVR 蒸发系统中的泵多采用双机械密封的型式，泵机械密封的好坏以及运行时的流量、吸程、扬程都会对蒸发系统产生影响。

除了以上提出的运行时可能出现的影响因素外，配管的问题、阀门质量的问题、操作规范性的问题等，都会对 MVR 蒸发系统产生影响。

（5）应用案例

山东某香精香料厂，企业废水包括生产车间废水、辅助工艺中的蒸汽喷射泵水和水喷射泵水、工艺清洗水、生活污水。合成不同种类的香精香料需要的原料不同、生产工艺不同，产生废水的成分、浓度、盐度均不同。根据废水水质、水量、盐度等特性，将废水归为 9 类，水质特征见表 4-14。

表 4-14　进水水质特征

项 目	COD（mg/L）	水量（t/d）	氨氮（mg/L）	TDS（g/L）	TP（mg/L）	pH 值
1# 废水	33 600	10	32.2	128	1.0	1~2
2# 废水	10 923	20	23.4	239	20.8	9~10
3# 废水	38 700	100	24.5	94	1.2	12
4# 废水	29 414	50	34.5	198.7	14	6-7

续表

项目	COD（mg/L）	水量（t/d）	氨氮（mg/L）	TDS（g/L）	TP（mg/L）	pH 值
5# 废水	12 300	50	25.5	86	3.13	8
6# 废水	10 400	12	13.4	131	3.3	7-8
7# 废水	11 232	64	18.7	0.5	4.5	6-8
8# 蒸汽喷射泵＋水喷射泵废水	1 930	650	23.2	0.3	5.6	6~8
9# 生活污水	400	44	30	0.2	4	6~8

可以看出，生产香精香料的废水具有含盐量高、浓度高、色度深、组分复杂、毒性强和可生化性差的特性，属于典型的高浓度难降解有机废水。企业对不同工艺产生的废水采用不同的预处理工艺：对高含盐废水首先进行脱盐及资源回收；对高浓度具有生物毒性的废水进行催化氧化去除生物毒性。混合后的综合废水通过水解酸化 / 生物强化 / 接触氧化 +MBR/ 催化氧化 / 活性炭滤组合工艺进行处理。图 4-44 所示为预处理工艺流程。

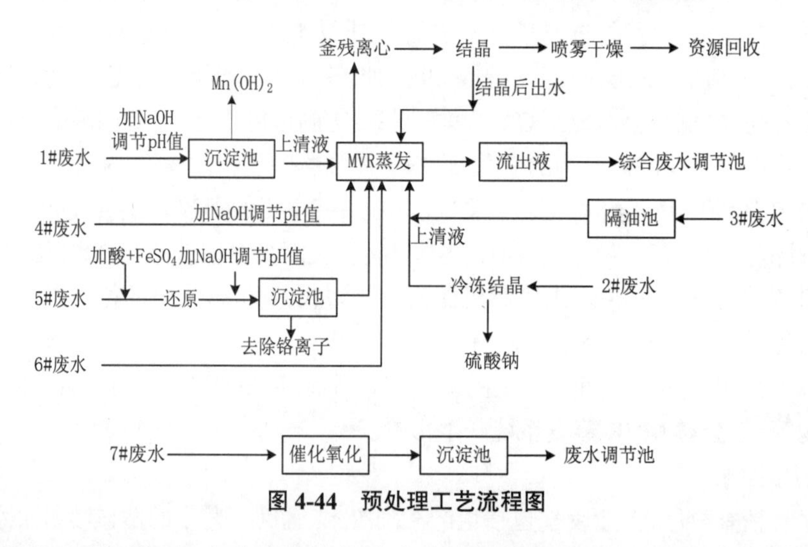

图 4-44 预处理工艺流程图

1# 废水主要含锰离子、硫酸钠和氯化钠。通过调节废水的酸碱性，除去废水中锰离子，通过 MVR 系统，去除废水中硫酸钠和氯化钠盐分；2# 废水主要含有硫酸钠和氯化钠，先冷冻析出硫酸钠，在通过 MVR 去除废水中硫酸钠和氯化钠混合盐；3# 废水通过隔油池将废水中的黏性浮层及含油层去掉，通过 MVR 脱去废水中硫酸钠和氯化钠盐分；4# 废水主要含有聚合氯化铝，通过 MVR 回收聚合氯化铝；5# 废水主要含有重铬酸钠和醋酸钠，调节废水酸碱性，投加硫酸亚铁将废水中的铬离子除去，通过 MVR 脱去醋酸钠；6# 废水主要含有氯化钾，通过 MVR 回收氯化钾；7# 废水主要含有氯苯等具有生物毒性的物质，通过预处理催化氧化，降低其生物毒性。

MVR 蒸发器为预处理的核心工艺，采用地上钢结构成套装置。蒸发所使用设备热交换器选用耐腐蚀钛材制作，为了防止废水蒸发中盐分结晶沉积，设备采用强化浓缩搅拌和强制循环。将高含盐浓废水进行浓缩减量，其中大量不易生物降解的大分子有机物沸点高，不易随水蒸气溢出而富集在母液中。蒸出蒸馏水中含分子量较小的有机物，其含量大大下降，可生化性有较大提高，便于后续处理。浓缩液将盐分离后，母液和冷凝水进入后续处理工艺，设计蒸发量：Q=10 m^3/h，MVR 蒸发的出水通过冷却塔降温，废水温度小于 35 ℃后进入下一单元。MVR 系统设置有进水泵、中间循环泵、强制循环泵、搅拌机、出料泵、冷凝水泵等装置。蒸发浓液离心后废水回到中间水池。

运行数据显示，MVR 每蒸发一吨废水需要 48 度电，折合电费 46 元。1#、2#、3#、4#、5# 和 6# 废水通过预处理后分别获得聚铝 993 kg/d，醋酸钠 430 kg/d，氯化钾 157 kg/d，氯化钠和硫酸钠的混盐 1.53 t/d，资源性中水回用 850 t/d，降低了废水处理成本，实现了资源的循环利用。

3. 膜蒸馏

（1）技术原理

膜蒸馏是一种采用疏水微孔膜以膜两侧蒸汽压力差为传质驱动力的膜分离过程，可用于水的蒸馏淡化，对水溶液去除挥发性物质。例如当不同温度的水溶液被疏水微孔膜分隔开时，由于膜的疏水性，两侧的水溶液均不能透过膜孔进入另一侧，但由于暖侧水溶液与膜界面的水蒸气压高于冷侧，水蒸气就会透过膜孔从暖侧进入冷侧而冷凝，这与常规蒸馏中的蒸发、传质、冷凝过程十分相似，所以称其为膜蒸馏过程。

（2）适用范围

膜蒸馏技术可应用于废水淡化脱盐、废水浓缩、乙醇、丁醇、丙酮或芳香族化合物等挥发性有机物的脱除等领域

（3）技术优势

①膜蒸馏过程几乎是在常压下进行的，设备简单、操作方便，在技术力量较薄弱的地区也有实现的可能性；

②在非挥发性溶质废水的膜蒸馏过程中，因为只有水蒸气能透过膜孔，所以蒸馏液十分纯净，可望成为大规模、低成本制备超纯水的有效手段；

③该过程可以处理极高浓度的废水，如果溶质是容易结晶的物质，可以把溶液浓缩到过饱和状态而出现膜蒸馏结晶现象，此过程是唯一能从溶液中直接分离出结晶产物的膜过程；

④膜蒸馏组件很容易设计成潜热回收形式，并具有以高效的小型膜组件构成大规模生产体系的灵活性；

⑤在该过程中无需把废水加热到沸点，只要膜两侧维持适当的温差，该过程就可以进行，有可能利用太阳能、地热、温泉、工厂的余热和温热的工业废水等廉价能源。

（4）缺点

①膜成本高，蒸馏通量小；

②由于温度极化和浓度极化的影响，运行状态不稳定；

③运行过程中膜的污染不仅导致膜通量下降，更为严重的是加速了膜的润湿，使盐渗漏进入淡水侧，从而使淡水品质下降；

④缺乏有效的热量回收手段。

（5）构造及工作原理

膜蒸馏中所用的膜是多孔的和不被料液润湿的疏水膜，膜的一侧是与膜直接接触的待处理的热水溶液，另一侧是低温的冷水或是其他气体。由于膜的疏水性，水不会从膜孔中通过，但膜两侧由于水蒸气压差的存在，而使水蒸气通过膜孔，从高蒸汽压侧传递到低蒸汽压侧。这种传递过程包括三个步骤：水在料液（高温）侧膜表面汽化、汽化的水蒸气通过疏水膜孔进行传递、水蒸气在膜的低温侧冷凝为水。

膜蒸馏过程的推动力是膜两侧的水蒸气压差，一般是通过膜两侧的温度差来实现，所以膜蒸馏属于热推动膜过程。根据蒸气冷凝方式的不同，膜蒸馏可分为直接接触式、气隙式、真空式和气扫式四种形式，如图 4-45 所示。直接接触式膜蒸馏是热料液和冷却水与膜两侧直接接触；气隙式膜蒸馏是用空气间隙使膜与冷却水分开，水蒸气需要通过一层气隙到达冷凝板上才能冷凝下来；真空式膜蒸馏中，透过膜的水蒸气被真空泵抽到冷凝器中冷凝；气扫式膜蒸馏是利用非凝聚的吹扫气将水蒸气带入冷凝器中冷凝。在具体应用中，选用哪一种膜蒸馏要视具体情况而定，比如原料液的成分、挥发性以及对通量的要求等。

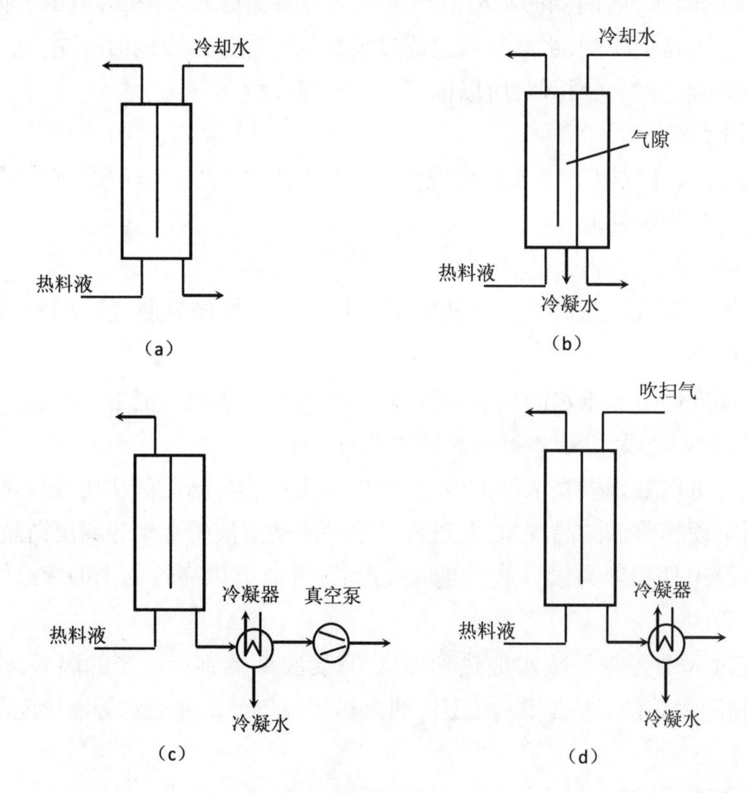

图 4-45　膜蒸馏类型

（a）直接接触式；（b）气隙式；（c）真空式；（d）气扫式

（6）影响因素

①膜结构。膜的形态结构参数包括膜厚度、孔径、孔径分布等。膜的渗透阻力与膜厚度成正比，膜越薄，渗透性能越高。然而，膜蒸馏过程中由传导造成的热量损失则与膜的厚度

成反比，膜越厚，热损失越少，热效率越高。因此，一般认为最适宜厚度在 30~60 μm 之间。膜孔径增大，黏性流在料液中所占比例提高，从而高温侧膜表面温度降低，低温侧膜表面温度升高，这使得膜两侧温差变小，对分离过程不利。通常认为膜孔径在 0.1~0.4 μm 之间比较合适。由于蒸汽传递系数随孔径的分散而降低，膜蒸馏过程用膜孔径分布越窄越好。

②工艺参数。对膜蒸馏而言，截留率和水通量是两个重要的工艺参数。从理论上讲，膜蒸馏对不挥发性溶质截留率应为 100%，实际上达不到 100%，主要原因有两方面：一是膜的缺陷，如有针孔、裂纹、部分膜孔隙太大等；二是运行过程中膜发生“湿化”现象，即疏水性局部丧失使溶液通过了膜孔。影响水通量的因素有溶液浓度、膜两侧温差、溶液的流动状态、膜的疏水性及结构参数的影响。

③设备运行及操作。温度是膜蒸馏设备运行过程中影响通量的最主要因素，料液温度的增加，使得蒸汽压力呈指数增长，从而增加跨膜传质的驱动力，但通量的变化幅度小于蒸汽压差的变化，而且这种差别随着温差的增加而增大，而传热系数不变，所以料液主体和膜面的温度梯度升高，有可能产生温度极化现象，这对膜蒸馏过程非常不利。

蒸馏时间是影响设备运行的又一个参数。膜蒸馏过程中，膜的性能随着时间的延长而变化。一方面是由于非挥发性溶质随着蒸馏时间的延长而被浓缩，使热侧料液的水蒸气分压下降；另一方面是时间延长易造成膜润湿和膜污染，降低膜通量。污染物质在膜表面沉积、结垢后，降低了膜通量，甚至会对膜的疏水性造成破坏，为了防止沉积物的出现，需对料液进行预处理。

（7）应用案例

山东省某企业采用减压膜蒸馏中试装置来处理废丙烯腈废水。丙烯腈是一种重要的化工原料，在其生产和使用过程中有大量废水排放，其中丙烯腈的浓度在 10^2~10^4 mg/L。焚烧法是目前国内外普遍采用的高浓度丙烯腈废水处理方法，不仅处理成本高而且浪费资源。丙烯腈的沸点较低（77.3 ℃），有较高的挥发性，微溶于水，因此适宜采用减压膜蒸馏装置来处理。

减压膜蒸馏设备主要参数如下。

①膜柱：外形为直径 94 mm× 长度 1 200 mm，内径 80 mm，3 根并联；聚丙烯中空纤维 n=20 000 根，外径 d=400 μm，有效长度 L=900 mm，膜柱纤维总横截面积 $\boldsymbol{F}$=25.1 cm^2，装填密度 ρ=0.5。

②真空泵：上海真空泵厂生产的 ZX-8 型旋转式。

③冷凝器：列管式，冷凝面积 1.5 m^2，冷凝介质为冷冻盐水。

④水泵：不锈钢磁力驱除泵，流量 6 m^3/h，扬程 15m。

⑤废水循环槽：不锈钢，有效容积 0.5 m^3。

工艺流程如图 4-46 所示。实验条件为：废水体积 V=300 L，泵流量 Q_w=60 L/min；冷侧真空度 0.08 MPa，排气量 Q_r=150 L/min；废水走管程，壳程为真空室，气液流量比 2.5。

实验结果表明，减压膜蒸馏技术可以有效地处理丙烯腈废水，丙烯腈去除率大于 98%，出水中丙烯腈浓度可降至 5 mg/L 以下，能够满足工厂排放控制的要求。减压膜蒸馏设备处理过程中，温度和液相流速是控制丙烯腈脱除效果的主要因素，真空度、气液比、流程走向和纤维装填密度在一定条件下对丙烯腈的脱除效果也有较大影响。在工业化应用中，若要取得较好的处理效果，必须使用纤维分布均匀、装填密度适中的膜柱，选用真空排气量大的真空泵，使用短而粗的真空管线。

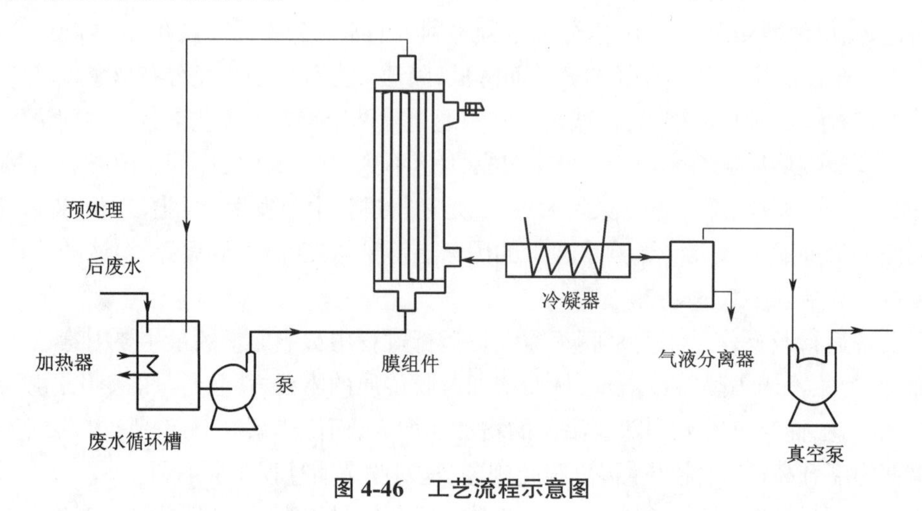

图 4-46 工艺流程示意图

4.4.4 电渗析

1. 技术原理

电渗析是 20 世纪 50 年代发展起来的一种新技术，最初用于海水淡化，现在广泛应用于化工、轻工、冶金、造纸、医药等行业，例如用于废水淡化除盐、制备纯水、酸碱回收、电镀废液处理，以及从工业废水中回收有用物质等，图 4-47 所示为电渗析装置。

图 4-47 电渗析装置

电渗析原理如图 4-48 所示。电渗析器是在外加直流电场的作用下，当含盐废水流经阴、阳离子交换膜和隔板组成的隔室时，水中的阴、阳离子开始定向运动，阴离子向阳极方向移动，阳离子向阴极方向移动。由于离子交换膜具有选择透过性，阳离子交换膜（简称阳膜）的固定交换基团带负电荷，因此允许水中阳离子通过而阻挡阴离子，阴离子交换膜（简称阴膜）的固定交换基团带正电荷，因此允许水中的阴离子通过而阻挡阳离子，致使淡水室中的离子迁移到浓水室中去，从而达到淡化的目的。

在电渗析器中，还进行以下次要过程：

①同名离子的迁移，离子交换膜的选择透过性往往不可能是百分之百的，因此总会有少量的相反离子透过交换膜；

②离子的浓差扩散，由于浓水室和淡水室中的溶液中存在着浓度差，总会有少量的离子由浓水室向淡水室扩散迁移，从而降低了渗析效率；

③水的渗透，尽管交换膜是不允许溶剂分子透过的，但是由于淡水室与浓水室之间存在浓度差，就会使部分溶剂分子（水）向浓水室渗透；

④水的电渗析，由于离子的水合作用和形成双电层，在直流电场作用下，水分子也可从淡水室向浓水室迁移；

⑤水的极化电离，有时由于工作条件不好，会强迫水电离为氢离子和氢氧根离子，它们可透过交换膜进入浓水室；

⑥水的压渗，由于浓水室和淡水室之间存在流体压力的差别，迫使水分子由压力大的一侧向压力小的一侧渗透。

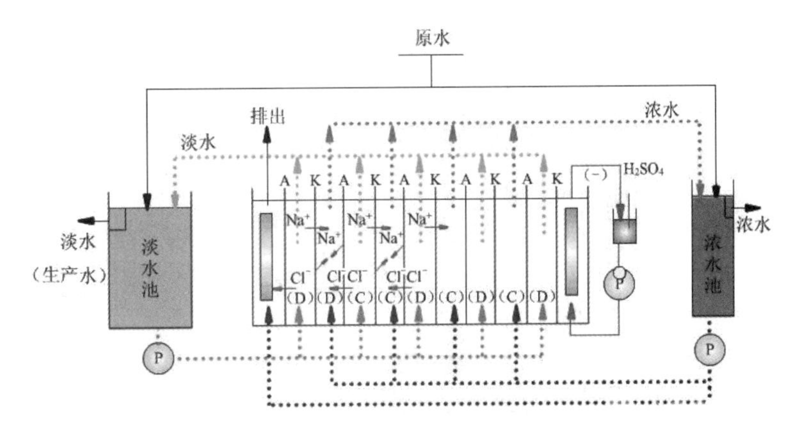

K—阳离子交换膜；A—阴离子交换膜；D—淡水室；C—浓水室

图 4-48　电渗析原理示意图

显然，这些次要过程对电渗析反应是不利因素，但它们可以通过改变操作条件予以避免或控制。

2. 适用范围及优缺点

（1）适用范围

电渗析技术与离子交换法相似，通常适用于 TDS 在 5 g/L 以下的低浓度含盐废水中脱盐。

（2）电渗析法的技术优势

①不需要消耗化学药品，预处理要求较低，环境污染少。

②设备简单，占地面积小，自动化程度高，操作维护方便。

③能耗低，工程投资少。

④出水水质稳定，在脱盐过程中无相变过程。

(3)缺点

①只能去除水中的带电离子,不能去除不带电的有机物。某些高价离子如铁、锰等离子会使膜产生中毒现象,甚至导致膜永久性失效。

②电渗析在运行过程中容易发生浓差极化现象。

③脱盐不够彻底,一般用于废水的初级脱盐,脱盐率为45%~90%。

3. 构造及设计运行

电渗析器主要由膜堆、极区和压紧装置三部分组成。

(1)膜堆

膜堆包括若干组膜对,而膜对是电渗析的基本单元。1张阳膜、1张浓(或淡)室隔板、1张阴膜、1张淡(或浓)室隔板组成一个膜对。隔板常用1~2 mm厚的硬聚氯乙烯板制成,板上开有配水孔、布水槽、流水道、集水槽和集水孔。隔板的作用是使两层膜间形成水室,构成流水通道,并起配水和集水的作用。

离子交换膜分为阳离子交换膜和阴离子交换膜。阳离子交换膜能选择性地透过阳离子,而不让阴离子透过;阴离子交换膜能选择性地透过阴离子,而不让阳离子透过。离子交换膜需要具备如下性能:选择透过性高,要求在95%以上;导电性好,要求其导电能力应大于溶液的导电能力;交换容量大;溶胀率和含水率适量;化学稳定性强;机械强度大。

(2)极区

极区由托板、电极、板框和弹性垫板组成。电极托板的作用是加固极板和安装进出水接管,常用厚的硬聚氯乙烯板制成。电极的作用是接通内外电路,在电渗析器内造成均匀的直流电场。阳极常用石墨、铅、钛涂钌等材料;阴极可用不锈钢等材料制成。板框用来在极板和膜堆之间保持一定的距离,构成极室,也是极水的通道。板框常用厚5~7 mm的粗网多水道式塑料板制成。垫板起防止漏水和调整厚度不均的作用,常用橡胶或软聚氯乙烯板制成。

(3)压紧装置

压紧装置的作用是压紧电渗析器,使膜堆、电极等部件形成一个整体,不致漏水。压紧装置可采用压板或螺栓,由于螺栓压紧装置造价低,因而较常用。

电渗析器的辅助设备有直流电源、水泵、流量计、压力表、水槽、管道等。

电渗析具有多种组装方式,在工程实际中,可根据需要组装成不同级或段形式,在单台电渗析中可进行脱盐率和产水量的调节。电渗析的基本组装方式如图4-49所示。

设计电渗析器一般需要根据进料水质及所要达到的产水目标,在确定单张膜的尺寸后,计算出电渗析器所需要的膜对数、膜堆数、操作能耗等参数。在设计过程中,需要考虑以下几点:

①必须优先考虑电极丝防结垢、防腐蚀及防止浓水结垢问题,否则电渗析器无法稳定运行;

②必须考虑电渗析器进水压力,一般不宜超过0.18 MPa,极限压力0.20 MPa;

③要有较高的表面流速,以限制和控制浓差极化;

④要有较大的离子交换表面积,以确保所获得的物料流有合理的通量;

⑤要避免不同室之间的泄漏,也不能有任何从浓水室到淡水室的内部泄漏;

⑥必须考虑电渗析器检修、拆洗是否方便，要容易保养，清洗、换膜、打开组件方便；

⑦要有较好的能量平衡，防止短路和寄生电流；

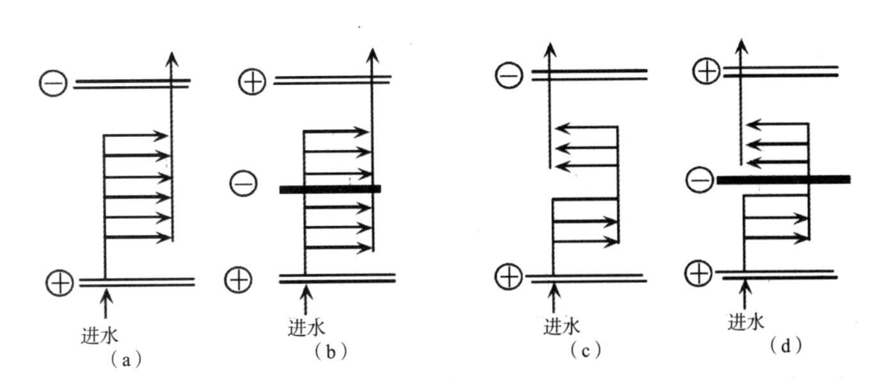

图 4-49　电渗析组装方式

(a)一级一段并联；(b)二级一段并联；(c)一级二段并联；(d)二级二段串联

⑧在电渗析器维护保养时，应考虑阴阳膜的更换周期，用尽可能少的维修费用，保证电渗析器长期稳定运行。

采用电渗析器处理废水时，应注意根据废水的性质选择合适的离子交换膜和电渗析器结构，同时应对进入电渗析器的废水进行必要的预处理。电渗析技术国家标准规定：电渗析进水要求水温 5~40 ℃；耗氧量($KMnO_4$)<3 mg/L，游离氯 <0.1 mg/L，铁 <0.3 mg/L，锰 <0.1 mg/L，浊度 <3 mg/L，色度 <15 度，污染指数 <7。电渗析器进水需要去除机械杂质、悬浮物、胶体物质、微生物、藻类和细菌，以及某些对离子交换膜产生毒害作用的物质(如铁、锰、硫化氢、游离氯等)。

4. 影响因素

(1)电压

电压是电渗析膜堆中离子发生定向迁移的动力提供者，是电渗析运行的重要影响因素，直接决定了直流电场力作用下离子的迁移速率、电渗析的浓缩处理能力与能耗等。电渗析分离过程中离子的迁移与电流密度直接相关，当电流低于极限电流时，电压的升高不会对分离过程造成如膜电阻增大、水在膜表面的电解、膜表面结垢等副作用，电流主要用于离子的迁移，电流效率随着电压的升高而增大。当电压升高使电流超过极限电流时会引起浓差极化和膜结垢现象，导致膜电阻增大，电流效率下降，能耗上升。

(2)流量

流量是影响电渗析分离效果的又一重要因素，也是电渗析生产能力的标志之一。从理论上讲，提高物料流量，可以提高分离效果，但是流量不能无限制地增大，否则许多离子未经分离直接流出。且流量过大，会使膜间的水压过大，对膜有一定的损伤，缩短膜的使用寿命，甚至导致离子交换膜失效，同时要考虑极限电流的因素，因此电渗析操作应该有一个适宜的流量范围。

(3)电解质浓度

随着进水电解质浓度的增大,极限电流值逐渐增大,淡化废水的处理成本也逐渐提高。这是因为随着废水中电解质浓度的增加,离子在膜表面滞流层中浓差扩散的推动力增大,在膜中的传递速率也会增加,因此极限电流会随电解质浓度的增加而增加。

5. 应用案例

目前市场上出现的膜蒸馏工艺中使用的膜组件有中空纤维式、卷式和板式这三种,其中在国内工业化应用较多的是板式真空膜蒸馏,应用领域包括工业废酸、氯化铵废液、酸洗废水资源化、含盐废水零排等。

板式真空膜蒸馏在含盐含铬废水零排领域的工业化应用如图 4-50 所示。此应用是目前世界上处理量最大的膜蒸馏零排放工程,膜蒸馏处理量为 288 t/d,可提升至 420 t/d。

图 4-50 板式真空膜蒸馏零排工业化应用项目

该板式膜蒸馏模块以多片聚丙烯框架为主体,内嵌聚四氟乙烯(PTFE)微孔疏水膜和聚丙烯(PP)冷凝片形成单个模块。图 4-51 所示为板式真空膜蒸馏流程示意图。第一效浓盐水在被外部热源加热到 80 ℃之后在 PTFE 膜片表面蒸发,蒸发的蒸汽透过疏水膜进入产水通道,在 PP 冷凝片表面被来自第一效因蒸发而降温的浓盐水冷凝形成蒸馏水;吸收蒸汽潜热的浓盐水同时在第二效膜表面继续蒸发,以此类推,最后一效蒸发的蒸汽被外部冷却水冷凝,蒸馏水通过内流道汇集流出。模块不论并联还是串联都是无管道连接,因而降低了热损失。

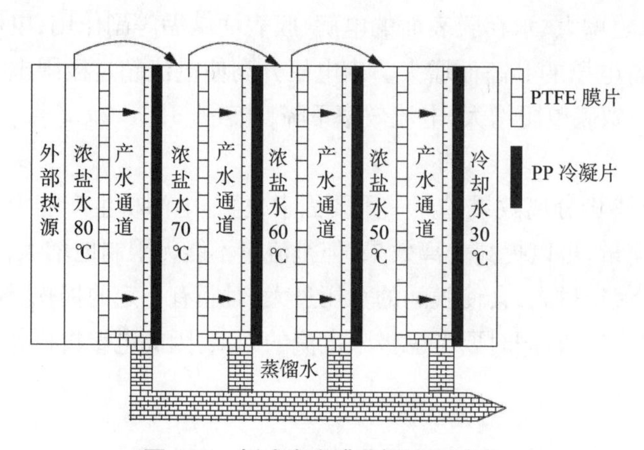

图 4-51 板式真空膜蒸馏流程示意

板式真空膜蒸馏主要有以下几点技术优势：

①负压操作，安全性更高，无泄漏风险；

②多效，热循环，模块化，内流道设计，模块之间无管道连接提高热利用效率，造水比最高可达 6~8；

③液体过流部件全部采用耐腐蚀的非金属材质（PP，PTFE），耐酸、耐碱、耐盐腐蚀、耐氧化；

④润湿液回流设计降低因膜润湿引起的膜清洗恢复频率；

⑤在线清洁和干燥（CIP & DIP）设计可以在线恢复污染或润湿的膜；

⑥此设备为撬装设计，基本不需要配套土建，可节省空间和大量土建费用。

工程运行效果显示，进水一次过膜浓缩达 50% 回收率，产水电导率为 100~150 μS/cm，可直接回用，每吨产水所需要的外部热量消耗折合成蒸汽用量为 0. 20~0. 23 t，相当于五效金属蒸发设备的吨水耗汽量，但吨水电耗为 4.8 kW · h，要比五效金属蒸发设备低一半以上。

第 5 章　化工园区废水分类收集与处理典型案例

国内某沿海石化园区，总用地面积 1 921.60 公顷，重点发展化工项目有石油化工后加工项目、精细化工项目和重油深加工项目，主要涉及精细化工、高分子材料、新型化工材料等领域的系列产品，包括以人工煤气 / 天然气为原料的 C1 化工系列、以顺酐为龙头的 C4 系列、以聚碳酸酯（PC）为成品以及苯乙烯（SM）为原料的四条产业链。公共配套设施区包括供水设施、热电联供、空分装置、燃气供应设施、油气化工公共管廊、污水处理厂、消防站、服务中心等配套设施。

园区根据石化产业的特点，按雨污分流、清浊分开的原则，分类收集和预处理各种废水，再集中进行综合处理。园区内建有污水处理厂，服务面积约为 19.22 km^2。

5.1　园区规划原则

园区规划遵循以下原则。

①各入园项目应按雨污分流、清浊分开的原则，分类收集和预处理各种废水，再集中进行综合处理。

②入园项目所有生产装置应采用清洁生产技术，采用废水处理的新技术和新工艺，促进废水再生回用，减少废水排放。

③以“一次规划，分阶段开发”为原则，用尽可能少的起步资金，分阶段建设。

④雨水系统采用两级排放，一级由园区内雨水管道排入渠道，尽可能采用自流分散排放。二级由渠道提升入海，泵站提升为主，河渠调蓄为辅。

⑤根据石化产业的特点，对园区废水进行分类收集，本园区的排水系统划分为：生产废水（包括污染雨水）排水系统、生活污水排水系统、污染雨水排水系统、清净废水和清净雨水排水系统。大企业设生产废水专业排水管线，中小企业生产、生活污水可统一排入污水管网。

5.2　园区排水系统划分与设计

5.2.1　生产废水

生产废水包括园区内工艺装置及辅助设施的各种生产废水、设备冲洗水、化验室废水及污染雨水等。生产废水先经预处理设施（包括汽提、萃取、沉淀、中和、隔油等）处理，达到园区综合污水处理厂接管水质标准后排放（接管水质标准见表 5-1）。其中大型企业生产废水量大，如排入园区市政污水管网，则市政管网管径增大很多，不经济。故设专用管线，由泵送入园区综合污水处理厂集中处理。而中小型企业生产废水的水量较小，各自设专用线投资不经济，而压排入市政管网又会因压力不均匀造成相互干扰，不利于排放。故中小企业可将废水先利用泵提升至处理构筑物后，利用余压或自排进入园区市政污水管网。余压大于 0.005 MPa 的应在接市政管网前泄压，以免影响其上游管线废水排放。园区企业的生产废水出厂前在接入园区生产废水干管时，以及专用废水管时，均需在排出管道上设水质、水量监测仪表。

表 5-1　污水处理厂接管水质标准

序号	项目名称	单位	标准值	序 号	项目名称	单位	标准值
1	温度	℃	<35	14	氨氮	mg/L	45
2	pH 值	—	6.5~9.5	15	总氰化物	mg/L	<0.5
3	色度	倍	80	16	总铬	mg/L	<1.5
4	COD_{Cr}	mg/L	<500	17	总锌	mg/L	<5.0
5	BOD_5	mg/L	>0.3 COD_{Cr}	18	总铜	mg/L	<2.0
6	SS	mg/L	<400	19	总铅	mg/L	<1.0
7	石油类	mg/L	<20	20	总砷	mg/L	<0.5
8	溶解性固体	mg/L	<2 000	21	总汞	mg/L	<0.05
9	挥发性酚	mg/L	<1.0	22	总镉	mg/L	<0.1
10	硫化物	mg/L	<1.0	23	总镍	mg/L	<1.0
11	氟化物	mg/L	<20	24	总锰	mg/L	<5.0
12	苯氨	mg/L	<5.0	25	总铁	mg/L	<10
13	氯苯	mg/L	<10	26	阴离子表面活性剂	mg/L	<20

注：1. 对于某些工艺装置排放生产废水中的 COD_{Cr}/BOD_5 大于 0.4 时，可适当放宽 COD_{Cr} 排放指标；
2. 本标准中未规定的一些对生化处理有毒、有害的物质禁止排入污水处理厂。

生产废水系统部分采用压力管道输送，精细化工生产项目设立专用废水管线，管道材质可采用 HDPE 管道或其他非金属管，埋地敷设。废水专用管线的管径在 *DN*350~*DN*450 之间。其余中小企业生产废水自流排放入污水管网，各污水管道管径在 *d*300~*d*1200 之间，管材采用 HDPE 或预应力钢筋砼承插口排水管。各专用废水接管点在各企业界区外 1 m，接管点压力宜控制在 0.1 MPa 左右，并根据实际情况确定。

5.2.2　生活污水

生活污水主要指各企业建筑物内卫生间、浴室、餐厅等设施的污水。由于化工企业生活污水量相对较小，单设一个系统，并不经济，同时考虑到生活污水的接入在一定程度上可改善废水的可生化性。因此,各企业的生活污水经化粪池预处理后,接入园区废水排水管,最终与企业的生产废水一同自流进入园区综合污水处理厂集中处理。

5.2.3 污染雨水

园区各企业内污染雨水主要来自生产装置污染区域内的地面初期雨水、地面冲洗水及使用过的消防水。各生产装置污染雨水及消防用水收集进入装置区内的污染雨水收集池,污染雨水收集池的容积应能容纳污染区地面(按装置区地面的70%计)不小于30 mm的降雨量。在污染雨水收集池中应设有在线分析仪表,在确定雨水被污染后,收入收集池缓冲后逐渐排入生产废水系统,经装置区内预处理后,统一送入园区废水排水总管或企业专用管线,然后送入园区综合污水处理厂集中处理。

5.2.4 清净废水和清净雨水

本系统分为两级,一级是自流与强排相结合,环形水渠内侧500~600 m范围内,道路与企业地块内雨水与清净废水自流排放。中心区域雨水与清净废水经泵站提升排放,进入环形水渠。港区雨水自流排放入海。二级排放采用强排经东西两个泵站排海或排入排污河。

本系统一级部分主要用于收集和排放各装置内包括循环冷却水系统的排废水(做进一步处理回用的除外)、脱盐水系统的排水和酸碱中和池排水及锅炉的排水、各企业装置区内非污染区雨水及污染区内的后期清净雨水等。各企业排出的清净废水COD_{Cr}浓度应小于60 mg/L,并符合《污水综合排放标准》(GB 8978—1996)三级标准,否则各企业应将其送至生产废水系统。企业内部清净废水、清净雨水尽可能分散排放,就近排入水渠或园区清净雨水系统,再经排水渠道上的若干排水泵站提升排海。

园区雨水干管绝大部分采用重力流管道,按满流计算,管径为$d400$~$d2400$。$d1000$以下管线采用钢筋混凝土承插口式排水圆管,$d1000$~$d2000$管线采用预应力钢筋混凝土承插口式排水圆管,$d2000$以上的管线采用承插口式夹砂玻璃钢管。雨水泵站出口的有压管线可采用承插口式夹砂玻璃钢管材或其他非金属管材。

5.3 排水监管保障

5.3.1 园区废水控源监管保障体系构架

化工园区废水控源监管保障体系框架如图5-1所示。该体系由水污染源诊断评估系统和管理保障体系组成,其中水污染源诊断评估系统主要包括废水水量估算、废水水质监测与分析、水污染源评价与分类预处理。管理保障体系包括对废水处理系统运行预警和常规处理,以及对整个园区综合污水处理厂的应急管理。

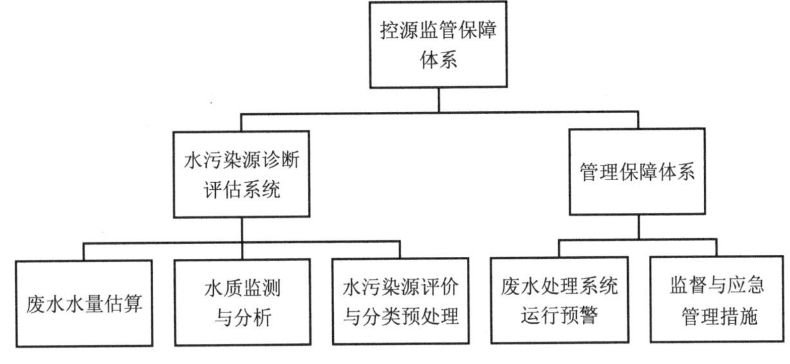

图 5-1　化工园区废水控源监管保障体系框架

5.3.2　管理方案的主要项目

管理方案的主要项目包括:废水分类收集系统、高难废水预处理系统、化工综合污水处理厂等。

5.3.3　管理内容与措施

(1)分类收集系统建设管理

建立和落实工程质量领导制度:对由国家投资,地方合资,企事业单位独资、合资以及其他方式建设的水处理工程,必须建立和落实工程质量领导责任制,对工程质量,要实行行业主管部门、主管地区行政领导责任人制度。勘察设计、施工、监理等单位的法定代表人,要按各自职责对所承建项目的工程质量负领导责任。

强化四个制度,规范建设管理:实行项目法人责任制、招标投标制、实行工程监理制和合同管理制。工程质量严格执行建设程序,确保工程建设前期工作质量,按照国家规定履行报批手续。工程建设程序包括:项目建议书、可行性研究、初步设计、开工报告和竣工验收等工作环节。建设单位负责设计和建设,并与主体工程同时设计、同时施工、同时交付使用。

(2)分类废水水质监测方案

加强对分类收集系统中的废水水质管理,是保证园区综合污水厂使用安全和生产效果的最重要管理手段,因此对园区分类收集系统中水质的监测尤为重要。

检测地点:定期检测是为了保证分类废水水质安全和综合废水处理设施正常运转必须掌握的水质状态而进行的测定,水样的采集应满足水质测定的需要;不定期检测是在原水水质恶化及处理设施功能降低、不同类别水质可能达不到各自进水要求的情况下进行的,采样地点要根据具体情况确定,可在园区各企业的进出水处、综合污水厂进出水处、各单元构筑物的进出水处、废水分类输配水管线上等。

检测指标:测定指标以处理不同类别废水的特殊性来确定。

工业废水体系水质检测项目：COD_{Cr}、BOD_5、浊度、总硬度、总碱度、氨氮、总氮、总磷、SS、pH、溶解氧、总盐量、生物毒性、铁、锰、阴离子表面活性剂、Cl^-、SO_4^{2-}。

生活污水体系水质检测项目：COD_{Cr}、BOD_5、浊度、总硬度、总碱度、氨氮、总氮、总磷、SS、pH、溶解氧、总盐量。

雨水收集体系水质检测项目：COD_{Cr}、氨氮、SS、溶解性总固体。

检测频率：水质检测的频率要根据该项目测定的难度、对该类废水使用的影响大小、项目参数的变化特点来确定，基本以天为单位，具体次数依据水质情况、水量大小、季节变化而定。当水质突变时按需要立即增加检测点，检测指标和检测频率不受上述安排限制。

（3）运行管理

日常运行管理：日常运行管理以保障良好安全的水质和不断完善健全分类收集系统为目的，重点是对园区分类收集系统的管理与维护。

定期维护管理：针对废水分类收集系统的观测与运行管理和维护经验，定期对分类系统进行维护管理。

突发事件的预防：针对水质突变，必须准备应急方案和措施，应对突发事件。

（4）安全用水管理和法规

在园区中建立健全安全用水管理和法规，主要包括：严格执行国家颁布的再生水利用水质标准，制定再生水使用过程中配套设施的监督管理措施；优先促进利用再生水发展生态环境建设，积极建立完善的再生水利用和管理法规体系；健全稳定的投入保障机制；加大对再生水使用、水生态环境保护的宣传。

5.4 园区污水处理厂建设情况

5.4.1 进出水水质

园区污水处理厂处理规模为 2 500 m^3/d，处理水主要来自化工企业生产废水、罐体降温水、消防水、洗罐后期低浓度水、罐体切换水、冲洗地面水、灌区初期雨水以及少量配套办公生活用水。表 5-2 所示为污水处理厂进出水水质情况，其水质特征为：

①进水 COD 不高，BOD_5/COD 一般在 0.3~0.4，可生化；

②进水含油 20 mg/L 左右，遇到异常情况，含油量会迅速上升到每升上百甚至几百毫克；

③废水中污染物成分复杂，含有一定量的难降解高分子物质和有毒有害物质，如苯环、环烃等；

④水质、水量波动较大，特别是出现异常情况，如跑冒滴漏、误操作、化工罐体清洗等；

⑤含有一定量的悬浮物，冲洗水、灌区初期雨水将地面无机颗粒带入污水处理厂。

表 5-2　污水处理厂进出水水质表

序号	污染物	进水指标（mg/L）	出水指标（mg/L）	处理程度（%）
1	COD_{Cr}	500	60	88
2	BOD_5	350	20	94.3
3	SS	400	20	95
4	NH_3-N	45	10	77.8
5	石油类	20	5	75
6	TP	8	0.5	93.75

5.4.2　废水处理工艺

园区污水处理厂采用“厌氧＋兼氧（反硝化）＋好氧 MBR（加药除磷）”为主体的处理工艺，工艺流程如图 5-2 所示。该工艺具有以下特点：

①采用简单的同步脱氮除磷工艺，总的水力停留时间少于其他同类工艺；

②在厌氧、兼氧、好氧交替运行的条件下，丝状菌不能大量增殖，可避免污泥膨胀，污泥指数（SVI）值一般小于 100；

③污泥中含磷浓度高，具有很高的肥效。

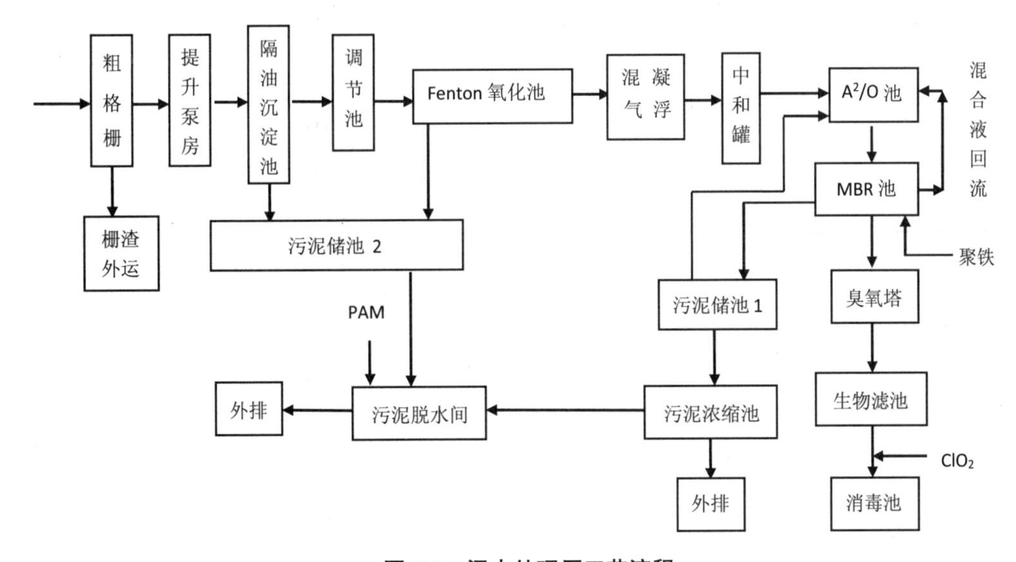

图 5-2　污水处理厂工艺流程

5.4.3　主要构筑物及设备

表 5-3 所示为污水处理厂主要构筑物及规格。表 5-4 所示为污水处理厂主要设备及规格。

表 5-3 污水处理厂主要构筑物

序号	名称	规格	数量
1	粗格栅及提升泵池	288 m^3	1
2	进水泵房	60 m^2	1
3	隔油沉淀池	324 m^3	1
4	调节池	3 000 m^3	1
5	Fenton 氧化池	252 m^3	1
6	混凝气浮间	105 m^2	1
7	A^2/O 池	2 016 m^3	1
8	MBR 池	1 314 m^3	1
9	MBR 处理间	572 m^2	1
10	臭氧处理间	63 m^2	1
11	生物滤池	199.2 m^3	1
12	消毒池	63 m^3	1
13	污泥储池 1	12 m^3	1
14	污泥储池 2	12 m^3	1
15	污泥浓缩池	12 m^3	1
16	鼓风机房	60 m^2	1
17	污泥脱水房	72 m^2	1
18	加氯间	57.2 m^2	1
19	加药间	54 m^2	1
20	综合楼	1 100 m^2	1
21	配电间	160 m^2	1
22	门卫传达室	24 m^2	1

表 5-4 污水处理厂主要设备

序号	名称	规格	数量	单位	备注
1	回转式固液分离机	栅宽:1 m; 间隙:10 mm; 功率:0.75 kW	2	台	1 用 1 备
2	不堵塞型潜污泵	流量:145 m^3/h; 扬程:15 m; 功率:11 kW	2	台	1 用 1 备
3	电动单梁起重机	T=3 t, 功率:6 kW	1	套	配套电动葫芦
4	超声波液位计	—	1	套	—
5	刮渣机	跨度:7.5 m; 行程:15 m; 功率:4.5 kW	1	套	提供配套设备
6	潜污泵	流量:75 m^3/h; 扬程:10 m; 功率:3.7 kW	3	台	2 用 1 备
7	Fenton 用酸溶药罐	有效容积 V_1=1.5 m^3	1	个	—

续表

序号	名称	规格	数量	单位	备注
8	Fenton 用药 H_2SO_4 贮药罐	有效容积 V_1=1.5 m^3	1	个	—
9	Fenton 用酸计量泵	流量:85 L/h;功率:0.37 kW	2	台	1 用 1 备
10	H_2SO_4 搅拌器	功率:0.75 kW	1	台	
11	$FeSO_4$ 溶药罐	有效容积 V_1=2.5 m^3	1	个	—
12	$FeSO_4$ 贮药罐	有效容积 V_1=2.5 m^3	1	个	
13	$FeSO_4$ 计量泵	流量:240 L/h;功率:0.37 kW	2	台	1 用 1 备
14	$FeSO_4$ 搅拌器	功率:0.75 kW	1	台	
15	H_2O_2 溶药罐	有效容积 V_1=2.5 m^3	1	个	—
16	H_2O_2 贮药罐	有效容积 V_1=2.5 m^3	1	个	
17	H_2O_2 计量泵	流量:240 L/h;功率:0.37 kW	2	台	1 用 1 备
18	H_2O_2 搅拌器	功率:0.75 kW	1	台	—
19	气浮	60 m^3	2	台	提供配套设备
20	混凝罐	有效容积 V_1=1 m^3	2	个	
21	中和罐	有效容积 V_1=3 m^3	1	个	—
22	NaOH 溶药罐	有效容积 V_1=1.5 m^3	1	个	
23	NaOH 贮药罐	有效容积 V_1=1.5 m^3	1	个	
24	NaOH 计量泵	流量:85 L/h;功率:0.37 kW	2	台	1 用 1 备
25	NaOH 搅拌器	功率:0.75 kW	1	台	
26	PAC 溶药罐	有效容积 V_1=2.5 m^3	1	个	—
27	PAC 贮药罐	有效容积 V_1=2.5 m^3	1	个	
28	PAC 计量泵	流量:400 L/h;功率:0.37 kW	2	台	1 用 1 备
29	PAC 搅拌器	功率:0.75 kW	1	台	
30	PAM 溶药罐	有效容积 V_1=1.5 m^3	1	个	—
31	PAM 贮药罐	有效容积 V_1=1.5 m^3	1	个	
32	PAM 计量泵	流量:85 L/h;功率:0.37 kW	2	台	1 用 1 备
33	PAM 搅拌器	功率:0.75 kW	1	台	
34	H_2SO_4 溶药罐	有效容积 V_1=1 m^3	1	个	—
35	H_2SO_4 贮药罐	有效容积 V_1=1 m^3	1	个	
36	H_2SO_4 计量泵	流量:9 L/h;功率:0.37 kW	2	台	1 用 1 备
37	H_2SO_4 搅拌器	功率:0.75 kW	1	台	—
38	自吸泵(耐腐蚀)	流量:80 m^3/h;扬程:20 m; 功率:7.5 kW	3	台	2 用 1 备
39	潜水搅拌器	功率:2.5 kW	2	台	
40	潜水搅拌器	功率:1.5 kW	2	台	—
41	微孔膜式曝气器	单位曝气头配气量:1.34 m^3/h	540	套	
42	液位控制浮球	—	2	套	

续表

序号	名称	规格	数量	单位	备注
43	膜分离组件	复合 PP	32 400	m^2	—
44	罗茨鼓风机	流量:15.82 m^3/min;P=53.9 kPa;功率:11 kW	3	台	2用1备
45	出水自吸泵	流量:40 m^3/h;扬程:20 m; 功率:4 kW	4	台	3用1备
46	混合液回流泵	流量:250 m^3/h;扬程:15 m; 功率:18.5 kW	6	台	3用3备
47	微孔曝气器	ϕ= 215 mm	660	套	—
48	聚铁溶药罐	V=1.5 m^3	1	个	
49	聚铁储药罐	V=1.5 m^3	1	个	
50	搅拌机	功率:0.75 kW	1	台	
51	聚铁加药泵	流量:85 L/h;功率:0.37 kW	2	台	1用1备
52	反洗加药罐	V=4 m^3	1	个	—
53	反洗泵	流量:12.5 m^3/h;扬程:20 m; 功率:2.2 kW	1	台	
54	臭氧曝气塔	ϕ 1.5 m × 5.6 m	2	座	
55	臭氧发生器	发生量:1 kg/h;功率:10 kW	1	台	
56	空压机	排气量:2.2 m^3/min;功率:15 kW	1	台	
57	冷干机	处理量:2.2 m^3/min;功率:0.9 kW	1	台	
58	储气罐	0.6 m^3	1	个	
59	吸干机	处理量:3 m^3/min;功率:0.1 kW	1	台	
60	出水泵	流量:80 m^3/h;扬程:20 m; 功率:7.5 kW	3	台	2用1备
61	污泥回流泵	流量:130 m^3/h;H=12 m; 功率:7.5 kW	2	台	1用1备
62	罗茨鼓风机	流量:17.5 m^3/min;P=53.9 kPa;功率:30 kW	4	台	3用1备
63	带式浓缩脱水一体机	D=2 m;功率:2.2 kW	1	台	—
64	污泥泵	Q=30 m^3/h;功率:3 kW	4	台	2用2备
65	无轴螺旋输送机(水平)	功率:1.1 kW	1	台	—
66	无轴螺旋输送机(倾斜)	功率:1.1 kW	1	台	
67	絮凝剂制备装置	功率:1.1 kW	1	套	
68	空压机	流量:25 m^3/h;P=0.8 MPa 功率:4 kW	1	台	
69	絮凝剂加药泵	流量:625 L/h;扬程:30 m; 功率:0.75 kW	2	台	1用1备
70	冲洗水泵	流量:15 m^3/h;扬程:65 m; 功率:4 kW	1	台	—
71	二氧化氯发生器	产氯量:600 g/h;功率:1.5 kW	1	套	

5.4.4　运行成本分析

污水处理厂处理规模为 2 500 m^3/d，按照直接运行费用估算污水处理厂运行成本，具体包括电费、药剂费和人工费。

（1）电费

总装机容量 333.21，用电量为 4 915.74 kW · h，实际用电容量为 4 915.74 × 0.70 = 3 441.018 kW·h/d，其中 0.70 为功率因数。

电费按照 0.6 元 / 度计算，则吨水电费为 0.82 元 /t。

（2）药剂费

药剂费如表 5-5 所示，经核算处理每吨水药剂费为 1.5 元。

表 5-5　药剂费概算

药剂	硫酸	硫酸亚铁	氢氧化钠	双氧水	PAC	阴离子 PAM	阳离子 PAM	盐酸	氯酸钠
用量（kg/d）	280	700	120	1 250	750	12.5	2.5	28	40
单价（元 /kg）	1.1	0.6	1.2	1.2	1.5	7	15	1.5	4
费用（元 /d）	308	420	144	1 500	1 125	87.5	37.5	42	160

（3）人工费

污水处理厂定员为 13 人，其中技术干部和管理人员 2 人，生产人员 8 人，辅助生产人员 3 人。技术干部和管理人员工资按照 5 000 元 / 月，生产和辅助生产人员工资按照 3 000 元 / 月计算，则人工费为 0.57 元 /t。

（4）废水处理直接运行费用

总费用 = 电费 + 药剂费 + 人工费 =0.82+1.5+0.57=2.89 元 /t。

第 6 章　化工园区水环境监测与智慧化管理

随着经济的发展,我国越来越多的化工园区建成并投入使用,化工园区污染治理是制约化工园区发展的重大问题。

典型化工行业如染料行业、医药行业、农药行业、石油化工等行业所产生的废水通常具有有害物质种类繁多,酸碱度较高,色泽较深,氨氮、盐浓度高以及可生化性相对较差,水量和水质不稳定,处理难度大等特点。为保证化工园区废水的达标排放,除采用适合、先进的处理工艺外,应加强化工企业分类管理、水环境的日常监测以及化工园区的智慧化管理,充分利用信息化技术,发展智慧环保,建立智慧型信息化平台,覆盖全面的、规划统一的在线监测监控系统,实现水质实时监测和环保事件及时预警,提高重特大环境事故的应对与处置能力。

6.1　化工园区水环境监测

化工企业建设有针对性和可操作性的废水分类收集、分质处理和清污分流是达标排放的基础工作和前提。

对进网污染源实行严格控制,实行“一企一管”,建设智能监控系统,严格控制企业排水水质。确保企业排水达到接管水质标准。建立在线监测系统,实时监控排水水质。

(1)完善清污系统,强化点源控制

园区内企业严格实行“清污分流、雨污分流”,同步建设好污水管网、雨水管网。对接管企业的排放废水和环保设施逐一调研,摸清废水排放规律和排放特点,以及排放废水水质情况,严格控制接管废水水质。采用科学合理的废水处理单元,确保点源预处理装置的稳定运行。各企业内设置事故池,当处于检修或事故状态时,废水集中汇入事故池。

在进行点源控制时,不只是单纯地关注化学需氧量、氨氮等常规指标,同时应关注废水的生物毒性及难降解有机物浓度。有学者提出大部分农药、医药企业所排放的废水, COD、NH_3-N、TP、TN 等常规园区接管指标符合接管标准,但生物毒性(以污泥呼吸速率表征)、难降解有机物(苯系物、蒽醌类等特征污染物)却远高于污水厂能够接纳的限度。提出园区排放尾水分类分质处理时,首先通过活性污泥 OUR 监测园区企业排放尾水的毒性及难降解有机物,将企业排水分为难降解有毒、难降解无毒、可生化三类废水,再将三类特征废水进行分质处理,具有降低污水厂的处理成本,提高综合废水处理效率的优势。

研究发现,某污水处理厂排水的 COD_{Cr}、NH_3-N 和 TP 可满足排放标准,但其排水毒性却为高毒性。一旦直接排入受纳水体,将会对生态环境和人类健康构成很大的威胁。因此,在控制废水中污染物浓度的同时,应该重视废水生物毒性管理,水质毒性监测应成为在线监测的重点,对有效控制工业废水污染、保障生态安全及人类健康具有重要意义。在进行水质监测时,利用生物毒性在线监测系统,可以弥补常规理化指标的不足,将化学手段和生物学指标相结合，可以客观、准确地反映废水的生态安全性。

（2）实施“一企一管”，建设智能监控系统

由相关职能部门全面封堵现有企业废水排放口，对园区的工业废水收集系统进行“一企一管”改造工程。在园区内建立一定数量的调节池，由企业自行负责将废水输送到指定的调节池，再由调节池经提升泵站最终输送到污水处理厂进行处理。

建设智能监控系统，对污染源、厂界、化工园区实施立体监控。在全面掌握、分析整个园区污染源排放的基础上，实时统计各厂区、监测点的监测设备数据，并根据各监测点的污染情况，分析与推测区域内整体的污染情况。化工园区智能监控系统如图6-1所示。

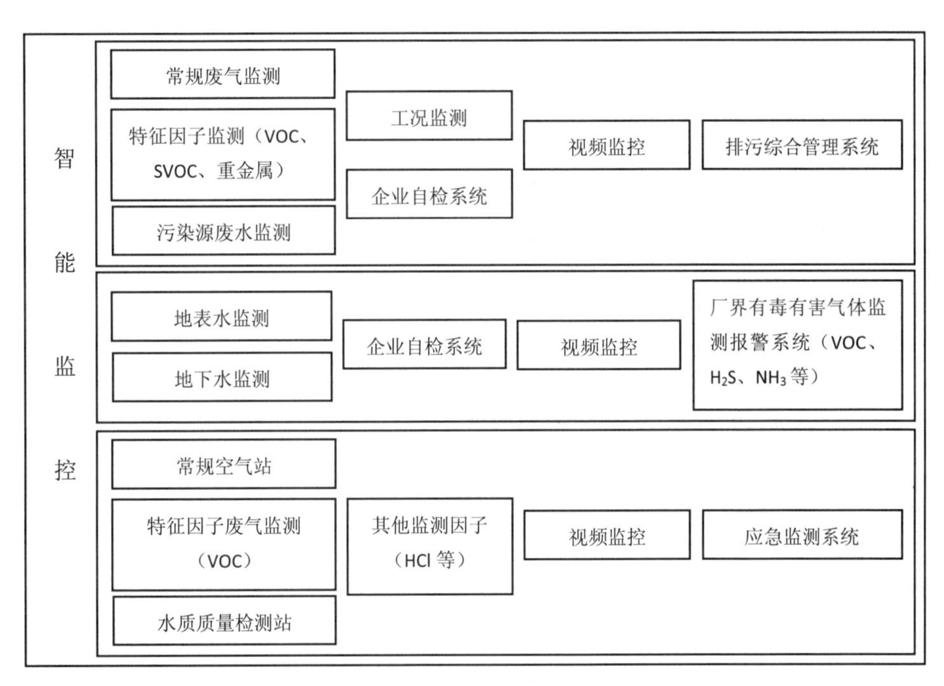

图6-1　化工园区智能监控系统图

（3）增强监管力度，建立在线监测网络

水质在线监测系统能在全天候无人值守的情况下，自动采集水样、自动分析水质，并自动对测试数据进行采集、数据分析以及自动传输到相关监管部门的智能分析系统，可以及时掌握水质的变化情况。在污染物总量控制和改善水环境工作中发挥了巨大的作用。

对各个企业进入污水处理厂的废水要进行水质和水量的24小时在线动态监控。在每个企业独立的排水管道上，安装流量计和COD_{Cr}、NH_3-N等在线监测仪器，建立相对集中的水质在线监测系统，提高监控能力，实时掌握园区内各企业排放的废水水质。针对一些特殊行业，如重金属污染源企业，应增加重金属在线监测系统，可以实时掌握企业污染物排放现状，为环境管理制定长期治理对策提供全面的技术依据。

（4）在线监测设备的管理和维护

在线监测设备管理和维护可以降低在线设备的故障率，保证在线监测数据的可靠性。在线监测设备的日常维护，涵盖在线监测仪器、运行环境、进样系统以及数据传输系统等。

应建立完善的保养计划，定期完成维护和保养，及时更换易耗件；在线监测分析仪器采购或运行中，需综合考虑前端的废水处理工艺，尽量规避或者降低在线监测仪器的干扰源；按照相关在线检测规范建设硬件设施，并及时进行维护；加强在线监测设备运行人员的培训，明确相关管理责任。在线监测设备运行过程中，应定期进行人工比对监测，确保在线监测设备数据的科学性、可靠性和准确性。

6.2 智慧化工园区

信息化技术的高速发展，为化工园区的管理提供了便利的条件和新的手段，化工园区的智慧化管理是以信息与通信技术为支撑，围绕安全生产、环境管理、应急管理、封闭管理、能源管理、运输管理、园区办公、公共服务等领域，通过数据整合与信息平台建设实现化工园区智能化管理与高效运行。

中华人民共和国国家标准《智慧化工园区建设指南》（GB/T 39218—2020）的发布和实施，为智慧化工园区的建设提供了指导和建议。

针对智慧化工园区，目前有各种管理平台，例如安全环保监控预警及应急指挥平台、化工园区环境监控预警平台、化工园区智慧环保管理平台等。

6.2.1 安全环保监控预警及应急指挥平台

利用 GIS、GPS、移动通信等技术，通过风险源动态管理、监控预警、应急指挥等子系统，强化对风险源的日常管理和监控预警。

构建化工园区智慧监管平台，全面排查摸清化工园区家底，建成一园一册、一企一档，实现管理前置、控制风险、有效预警、动态防控、智慧决策的总体目标，淘汰落后产能，促进园区创新转型和绿色可持续发展。安全环保监控预警及应急指挥平台如图 6-2 所示。

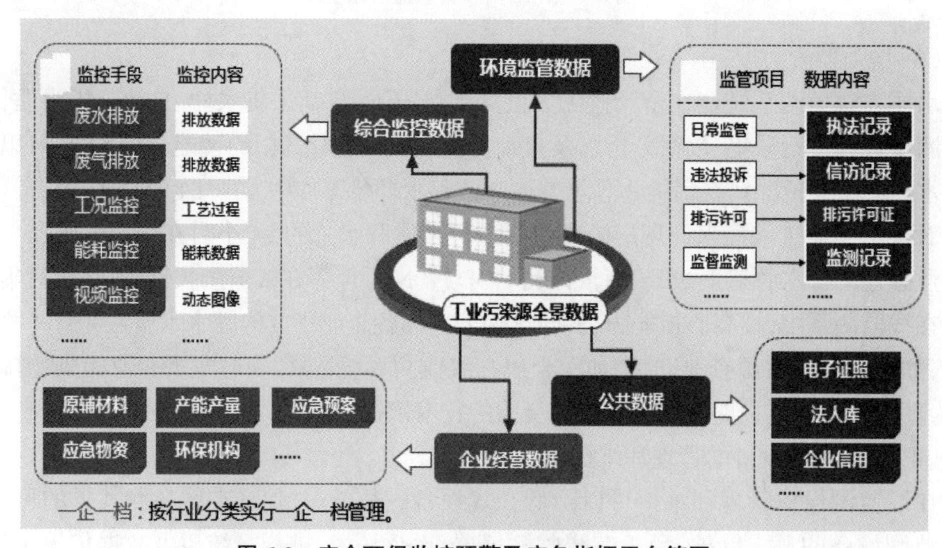

图 6-2 安全环保监控预警及应急指挥平台简图

6.2.2 三位一体环境保护监测预警平台

河北先河环保科技股份有限公司开发的化工园区环境监控预警系统，通过集成自动监测和网格化监测技术，借助移动执法手段和应急指挥系统，实现对环境应急的全程管理，覆盖“事前预防、应急准备、应急响应、应急处置、灾后恢复”等各阶段业务。管理平台包括大气环境监测预警平台、污染源在线监控平台、移动执法、环境风险源管理系统、环境应急资源管理系统、应急指挥系统等不同功能。该平台可提供环保数据实时查询、超标预警、区域污染趋势分析、污染等值线渲染；当出现超标报警时，可启动执法检查任务，划清责任，锁定污染源头；该平台还具有建立健全环境风险源档案等功能。

6.2.3 化工园区智慧环保管理平台

成都慧翼科技有限公司开发的化工园区智慧管理平台汇集前端视频信息，智能联动分析数据。系统功能包括：封闭式园区管理系统、雷视危化品车辆合规检测系统、园区周界防范系统、园区智慧消防系统、园区承包商高危作业监管系统。为园区的安全生产和管理提供智慧之源，满足危险源监管、污染源监管、报警信息全局显示、GIS 地图 +AR 实景、标签自动同步等需求。化工园区 AR 实景安环一张图如图 6-3 所示。

图 6-3 化工园区 AR 实景安环一张图

6.3 化工园区的智慧化管理案例

6.3.1 中国化工新材料(聊城)产业园

中国化工新材料(聊城)产业园2016年10月成为首批通过“中国智慧化工园区试点示范单位”验收的园区,如图6-4所示。

园区充分发挥“园区化、一体化、集约化、智慧化”优势,以安全发展、绿色发展、循环发展为导向,以生态理念为核心,依托智慧感知网络、大数据和云计算技术,规划有“1个平台、2个中心、10+X工程”的整体架构,在此基础上开发建设了智慧化工园区管理平台,涵盖数据库、网络通信、安全、环保、设备、能源、安防、应急等相关专业,智慧化工园区管理平台建立了以实时数据库PI为核心的监测监控系统,包括安全检测系统、环保检测系统。监测、监控数据通过实时数据库上传智慧化工园区管理平台。

近年来,园区形成了“环保监管一体化、安全监管一体化、应急联动一体化、能源监管一体化、物流服务一体化”等五大优势。

园区实行废水三级防控,从企业源头控制减少废水外排,出现外排水超标,外排口电子闸门自动关闭,该电子闸门由市环保局管控。化工园区执行废水外排标准为:NH_3-N ≤ 10 mg/L、COD ≤ 60 mg/L。

图6-4 中国化工新材料(聊城)产业园

6.3.2 嘉兴港区新材料化工园区

嘉兴港区新材料化工园区是国内首家政府主导型智慧化工园区试点示范项目,2016年10月成为首批通过“中国智慧化工园区试点示范单位”验收的园区,如图6-5所示。

嘉兴港区智慧化工园区坚持以“政府主导、企业主体”为根本原则,秉承“安全、创新、绿色、智能、协调”的发展理念，努力构建具有港区特色的新型智慧城市体系。

自 2019 年起，嘉兴港区创新开展“两无一化”创建，“两无一化”即无异味园区、无异味企业和园区景区化，重点抓好治气、治水、治废三项重点工作。

随着园区新污水处理厂的建成和污水管网覆盖范围的进一步扩大，园区工业废水收集处理率达到 100%，生活污水集中处理率达到 100%。

图 6-5　嘉兴港区新材料化工园区

6.3.3　江苏如东沿海经济开发区

2019 年 5 月 23 日，江苏如东沿海经济开发区入选第二批“中国智慧化工园区试点示范单位”，如图 6-6 所示。

围绕园区综合治理，形成了集园区环境管理、安全管理、应急管理、能源管理、封闭化管理为一体的综合性治理平台，以园区综合治理为基础，利用智慧环境管理系统、园区安全与应急管理系统、智慧能源管理系统、园区封闭化管理系统、园区综合决策系统、远程专家服务中心等平台作为日常管控工具，与国家排污许可制度、安全生产管理制度等进行有机衔接，最终达到环境质量持续改善，安全风险可控，园区产业健康发展的目的。

图 6-6　江苏如东沿海经济开发区

6.3.4 杭州湾上虞经济技术开发区

2018年2月杭州湾上虞经济技术开发区启动智慧园区建设,初步构建了“一中心、一平台、一网络、一体系”主体架构,集成安全、环保、安防、能源监管、应急救援和公共服务六大系统的一体化大数据分析决策平台,实现区域内高风险化工企业24小时监控,环保数据实时采集监控,辖区内异味实现评价溯源,危化品车辆的定位监管等方面的统筹管理。

2019年5月23日,开发区入选第二批“中国智慧化工园区试点示范单位”,如图6-7所示。

基于安全、环保两重点,做到监测数据全覆盖、实时监控全天候、管理服务立体化,实现早发现、早预警、早处置的智慧监管平台建设思路,建成后的智慧化工园区将实现“点、面、域”三级网络化全方位预警监测,多指标、多角度、多维度可视化数据分析结果展示以及全盘可控的一体化精准化监督管理,最终实现区域综合管理科学化、规范化、智慧化。

图6-7 杭州湾上虞经济技术开发区

6.3.5 上海化学工业经济技术开发区

2016年11月,上海化学工业经济技术开发区正式开启智慧化工园区的建设。2019年5月23日,开发区入选第二批“中国智慧化工园区试点示范单位”,如图6-8所示。

以“需求牵引、问题牵引、应用导向、目标导向”为出发点,坚持智慧安全应急、智慧绿色环保、智慧产业运行、智慧公用工程、智慧管理服务、智慧责任关怀的“六位一体”发展理念,总体目标是“到2030年,将上海化工区建设成为一个深度感知、全面互联、智能高效、持续卓越的世界级智慧化工园区”。

园区通过构建智慧产业运行、智慧安全应急、智慧绿色环保、智慧公用工程、智慧管理服务和智慧责任关怀等“1+6+X”的应用体系，实现大数据的汇聚功能，夯实园区信息化基础设施，并且上海化工区在相关领域已经积累了较丰富的源数据。

图 6-8　上海化学工业经济技术开发区

6.3.6　江苏泰兴经济开发区

2019 年 11 月 14 日，江苏泰兴经济开发区入选第三批“中国智慧化工园区试点示范单位”，如图 6-9 所示。

园区按照“安全、开放、智能、融合、创新”的理念，围绕“7 个应用、2 个平台、2 个中心”打造智慧园区，主要包括智慧能源、智慧经济、智慧环保、应急指挥、智慧安监、封闭管理、公共服务等 7 大业务应用，辅助决策、物联感知 2 个平台，大数据和公共服务 2 个中心。

园区以大数据技术为创新基础，以化工产业管理与改造升级为服务核心，以建立信息化、工业化、智能化的化工产业集群为产业发展特色，积极引进先进技术应用，相继在政务服务、产业服务、交通服务、生态服务、工业服务等各方面，构建了一套以大数据产业技术为基础的数据化、信息化的智慧园区应用体系。

6.3.7　江苏扬州化学工业园区

2017 年底江苏扬州化学工业园区开展智慧园区建设工作。2019 年 11 月 14 日，园区入选第三批“中国智慧化工园区试点示范单位”，如图 6-10 所示。

园区投入使用的重大危险源监控预警系统，实现了对重大危险源的远程监控和智能分析，强化了企业的主体责任和园区的监督管理职能。能源管理中心系统，可在线监测园区重点企业用能情况，并能进行统计分析，实现能源消耗可视化，深层次挖掘节能空间，从而节约能源降低生产成本，为园区节能降耗管理工作提供有力的支持和保障。

图 6-9 江苏泰兴经济开发区

图 6-10 江苏扬州化学工业园区

6.3.8 镇江新区新材料产业园

2019 年 11 月 14 日，镇江新区新材料产业园入选第三批“中国智慧化工园区试点示范单位”，如图 6-11 所示。

园区建立了以“三个一”+“云应用”为导向，集包括一园一档、环保、安全、封闭化、能源、物流、公共服务、办公、决策于一体的综合管理平台，运用大数据分析整合，形成了环境及安全风险感知预警能力，使园区运行、服务、管理、发展更加高效和智慧。

图6-11　镇江新区新材料产业园

附录 1

关于加强化工园区环境保护工作的意见

环发〔2012〕54 号

各省、自治区、直辖市、计划单列市及新疆生产建设兵团环境保护厅(局),辽河保护区管理局,各环境保护督查中心,中国石油和化学工业联合会,中国石油天然气集团公司,中国石油化工集团公司,中国海洋石油总公司,中国中化集团公司,中国化工集团公司等有关行业协会及企业:

化工园区(以下简称“园区”)包括石化化工产业集中的各类工业园区、产业园区(基地)、高新技术产业开发区、经济技术开发区及专业化工园区和由各级政府依法设置的化工生产单位集中区。推进园区的规范化可持续发展,是推动石油和化工行业调整产业结构、加快转变经济发展方式的重要措施。近年来,我国化工园区以其科学的发展理念、先进的技术装备、现代化的管理模式,为促进经济和社会发展做出了重要贡献。但有些园区在发展过程中也暴露出布局不合理、项目准入门槛低、环保基础设施建设滞后、化学品环境管理体系不完善、环境风险隐患突出、园区管理不规范等问题。为贯彻落实国务院《关于加强环境保护重点工作的意见》(国发〔2011〕35 号)和《国家环境保护“十二五”规划》(国发〔2011〕42 号),加强园区的环境保护工作,特制定本《意见》。

一、科学规划园区,严格环评制度

(一)科学制定园区发展规划。园区开发建设规划应结合当地城市总体规划、土地利用总体规划、生态功能区划和环境保护规划要求,以循环经济理念为指导,按照一体化建设、分层次布局的原则科学制定。园区的设立应符合区域产业定位,禁止在人口集中居住区、重要生态功能区、自然保护区、饮用水水源保护区、基本农田保护区以及其他环境敏感区域内设立园区。

(二)强化园区开发建设规划环境影响评价工作。新建园区在编制开发建设规划时,应编制规划环境影响报告书。已经批准的园区规划在实施范围、适用期限、建设规模、结构与布局等方面进行重大调整或修订的,应当及时重新开展规划环境影响评价工作。现有园区未开展环境影响评价的,应自本通知发布之日起一年内完成规划环境影响评价工作。逾期未开展或未完成规划环境影响评价的,各级环境保护主管部门暂停受理入园项目的环评审批。

(三)推行园区规划环境影响跟踪评价。规划实施五年以上的园区,应组织开展环境影响跟踪评价,编制规划环境影响跟踪评价报告书,由相应的环境保护主管部门组织审核,并督促园区管理机构对跟踪评价中发现的环境问题进行限期整改。

二、严格环境准入,深化项目管理

(四)规范入园项目技术要求。园区入园项目必须符合国家产业结构调整的要求,采用清洁生产技术及先进的技术装备,同时,对特征化学污染物采取有效的治理措施,确保稳定达标排放。

(五)实行园区污染物排放总量控制。园区所在辖区人民政府应进一步明确园区污染物排放总量,将园区总量指标和项目总量指标作为入园项目环评审批的前置条件,确保建成后该项目和园区各类污染物排放总量符合总量控制目标要求。鼓励通过结构调整、产业升级、循环经济、技术创新和技术改造等措施减少园区污染物排放总量。

(六)深化入园项目环境影响评价工作。入园项目必须开展环境影响评价工作。园内企业应按要求编制建设项目环境影响评价文件,将环境风险评价作为危险化学品入园项目环境影响评价的重要内容,并提出有针对性的环境风险防控措施。

(七)加强入园项目环境管理。园区管理机构应加强对入园项目的环境管理,对园区项目主体工程和污染治理配套设施"三同时"执行情况、环境风险防控措施落实情况、污染物排放和处置等进行定期检查,完善园区环保基础设施建设和运行管理,确保各类污染治理设施长期稳定运行。

三、加快设施建设,加强日常监管

(八)实施园区污水集中处理。新建园区应建设集中式污水处理厂及配套管网,确保园内企业排水接管率达 100%。废水排入城市污水处理设施的现有园区,必须对废水进行预处理达到城市污水处理设施接管要求。无集中式污水处理厂或不能稳定达标排放的现有园区,应在本通知发布之日起两年内完成整改。园内企业应做到"清污分流、雨污分流",实现废水分类收集、分质处理,并对废水进行预处理,达到园区污水处理厂接管要求后,方可接入园区污水处理厂集中处理。园内企业排放的废水原则上应经专用明管输送至集中式污水处理厂,并设置在线监控装置、视频监控系统及自控阀门。鼓励有条件的园区实施区域中水回用。

(九)加强园区废气和固体废物处理处置。园内企业应加强对废气尤其是有毒及恶臭气体的收集和处理,严格控制挥发性有机物(VOC)、有毒及恶臭气体的排放,配备相应的应急处置设施。园区内固体废物和危险废物必须严格按照国家相关管理规定及规范进行安全处置。鼓励有条件的园区建设相配套的固体废物特别是危险废物处置场所,避免大量危险废物跨地区转移带来的环境风险。

(十)鼓励建立第三方运营管理机制。鼓励园区委托有资质的单位对环境污染治理设施进行运营管理。采取环境污染治理设施第三方运营管理的园区,园区管理机构必须对环境污染治理设施的运行状况进行监督检查,发现污染防治设施不正常运行、或未经批准擅自停运防治设施的,必须及时纠正、限期整改。

四、健全管理制度,强化环境管理

(十一)加强园区污染物排放监测。园区管理机构应制定园区内主要污染物和化学特征污染物的监测方案,严格控制污染物排放,并加强对空气环境质量的监测。各级环境保护主管部门要不断提高化学特征污染物的监测能力,认真做好对园内企业污染物排放的监督性监测和检查。

(十二)严格园区运行监管。园内企业应严格执行国家或地方污染物排放标准,园区管理机构应严格按照国家或地方相关环境保护标准的规定对企业特征污染物实施监督管理,杜绝有毒有害污染物超标排放。凡园区风险防控设施不完善、园内企业污染物超标排放且未按要求完成限期整改、治理的,各级环境保护主管部门应暂停新入园区建设项目的审批,污染防治、环境安全隐患整改、生态恢复建设和循环经济类建设项目除外。

(十三)开展危险化学品环境管理登记和风险管理。园区管理机构应督促园内企业按照要求进行危险化学品环境管理登记,加强化学品环境风险管理。县级以上环境保护主管部门应组织开展危险化学品环境管理登记工作,并进行监督检查与监测;对不按照规定履行登记义务的企业,应依法给予处罚。严格执行新化学物质登记和有毒化学品进出口环境管理登记制度,加强登记审批后管理。

(十四)加强信息公开。园区管理机构应定期发布园区环境状况公告,督促园内企业履行化学品环境风险防控的主体责任,要求企业按相关规定进行排污申报登记,并足额缴纳排污费。园内企业应建立化学品环境管理台账和信息档案,依法向社会公开相关信息。鼓励园区和企业实施“责任关怀”。

五、完善防控体系,确保环境安全

(十五)加快园区环境风险预警体系建设。园区管理机构应建立环境风险防范管理工作长效机制,建立覆盖面广的可视化监控系统,加快自动监测预警网络建设,健全环境风险单位信息库。加强重大环境风险单位的监管能力建设,逐步建立和完善集污染源监控、环境质量监控和图像监控于一体的数字化在线监控中心。鼓励构建适用性强的污染物扩散和迁移状况模拟模型,建设信号传输系统和可共享的应急监测设施。

(十六)健全园区环境风险防控工程。建立企业、园区和周边水系环境风险防控体系。建立完善有效的环境风险防控设施和有效的拦截、降污、导流等措施。隶属于园区的周边水系应建立可关闭的闸门,有效防止泄漏物和消防水等进入园区外环境。

(十七)加强园区环境应急保障体系建设。园内企业应制定环境应急预案,明确环境风险防范措施。园区管理机构应根据园区自身特点,制定园区级综合环境应急预案,结合园区新、改、扩建项目的建设,不断完善各类突发环境事件应急预案。加强应急救援队伍、装备和设施建设,储备必要的应急物资,建立重大风险单位集中监控和应急指挥平台,逐步建设高效的环境风险管理和应急救援体系。开展有针对性的环境安全隐患排查,有计划地组织应急培训和演练,全面提升园区风险防控和事故应急处置能力。从事危险化学品生产、储存、经营、运输、使用和废弃处置的企业应当购买环境污染责任保险。

六、加强组织领导,严格责任追究

(十八)落实各方责任。园区环境保护工作由园区管理机构负总责,形成园区管理机构一把手亲自抓，主管部门和负责人员明确的管理体制。园区管理机构应督促园内企业执行环境保护法律、法规及其他有关规定，配合环境保护主管部门加强对企业环境保护工作的监督管理。

(十九)建立园区考核制度。环境保护部组织制定化工园区环境保护工作考核管理要求，各级环境保护主管部门应加强对园区环境管理等相关工作的检查和考核，定期通报考核结果。鼓励园区积极创建国家生态工业示范园区。

(二十)完善责任追究制。建立完善园区化学品环境污染责任追究制。对不符合环保要求、污染治理设施不正常运行、环境安全隐患突出的，依法限期整治、责令整改；对存在偷排直排等恶意环境违法行为的园区，依法实行挂牌督办；对屡次发生突发环境事件及列入省级挂牌督办范围的园区、企业及相关责任人，按照相关法律和法规处理。

(二十一)执行年度报告制度。园区管理机构每年应将本园区环境管理情况报告报送当地环境保护主管部门。各省级环境保护主管部门应于次年 1 月底前将辖区内园区环境管理和运行情况年度报告上报环境保护部。

各省级环境保护主管部门应自本意见发布之日起 3 个月内制定本辖区加强园区环境保护工作的实施方案，并上报环境保护部备案。

二〇一二年五月十七日

附录 2

化工园区企业废水特征污染物名录库筛选确认指南

（试行）

1　适用范围

本指南适用于具有化工定位的工业园区（集中区）开展企业废水特征污染物筛选确认及名录库构建工作，其他涉及废水特征污染物排放的工业园区或未入园化工企业可参照执行。

2　规范性文件引用

下列文件对于本文件的应用是必不可少的。凡是注日期的引用文件，仅所注日期的版本适用于本文件。凡是不注日期的引用文件，其最新版本（包括所有的修改单）适用于本文件。

《中华人民共和国水污染防治法》

《水污染防治行动计划》（国发〔2015〕17 号）

《关于加强化工企业等重点排污单位特征污染物监测工作的通知》（环办监测函〔2016〕1686 号）

《江苏省水污染防治工作方案》（苏政发〔2015〕175 号）

《省政府办公厅关于印发全省沿海化工园区（集中区）整治工作方案的通知》（苏政办发〔2018〕46 号）

《关于加快全省化工钢铁煤电行业转型升级高质量发展的实施意见》（苏办发〔2018〕32 号）

《关于进一步加强化工园区水污染治理的通知》（苏环办〔2017〕383 号）

《优先控制化学品名录（第一批）》（环境保护部、工业和信息化部、卫生计生委 公告 2017 年 第 83 号）

GB 8978—1996　《污水综合排放标准》

DB 32/939—2020《化学工业水污染物排放标准》

GB 31571—2015《石油化学工业污染物排放标准》

GB 31570—2015《石油炼制工业污染物排放标准》

GB 31574—2015《再生铜、铝、铅、锌工业污染物排放标准》

GB 31572—2015《合成树脂工业污染物排放标准》

GB 31573—2015《无机化学工业污染物排放标准》

GB 13458—2013《合成氨工业水污染物排放标准》

GB 16171—2012《炼焦化学工业污染物排放标准》

GB 27632—2011《橡胶制品工业污染物排放标准》

GB 26452—2011《钒工业污染物排放标准》

GB 15580—2011《磷肥工业水污染物排放标准》

GB 26132—2010《硫酸工业污染物排放标准》

GB 26451—2011《稀土工业污染物排放标准》

GB 26131—2010《硝酸工业污染物排放标准》

GB 25468—2010《镁、钛工业污染物排放标准》

GB 25467—2010《铜、镍、钴工业污染物排放标准》

GB 25466—2010《铅、锌工业污染物排放标准》

GB 25465—2010《铝工业污染物排放标准》

GB 25463—2010《油墨工业水污染物排放标准》

GB 21908—2008《混装制剂类制药工业水污染物排放标准》

GB 21907—2008《生物工程类制药水污染物排放标准》

GB 21906—2008《中药类制药工业水污染物排放标准》

GB 21905—2008《提取类制药工业水污染物排放标准》

GB 21904—2008《化学合成类制药工业水污染物排放标准》

GB 21903—2008《发酵类制药工业水污染物排放标准》

GB 21902—2008《合成革与人造革工业污染物排放标准》

GB 21523—2008《杂环类农药工业水污染物排放标准》

GB 20425—2006《皂素工业污染物排放标准》

GB 13458—2001《合成氨工业水污染物排放标准》

GB 15581—2016《烧碱、聚氯乙烯工业水污染物排放标准》

3　工作原则

(1)因地制宜。围绕化工园区及企业环境管理需求、突出环境问题,明确筛查重点,使该项工作更好地为解决实际环境问题服务。

(2)动态更新。根据企业污染源、区域环境状况以及管理目标等的变化情况,及时筛查、变更企业废水特征污染物,确保特征污染物名录动态更新、实时有效。

(3)分批实施。特征污染物名录筛查工作量大、基础较为薄弱,须按照企业类型、废水量、污染物种类、环境标准、监测能力等实际情况,分批推进,有序实施。

4　技术路线

化工园区企业废水特征污染物名录库构建总体工作流程见图 1。

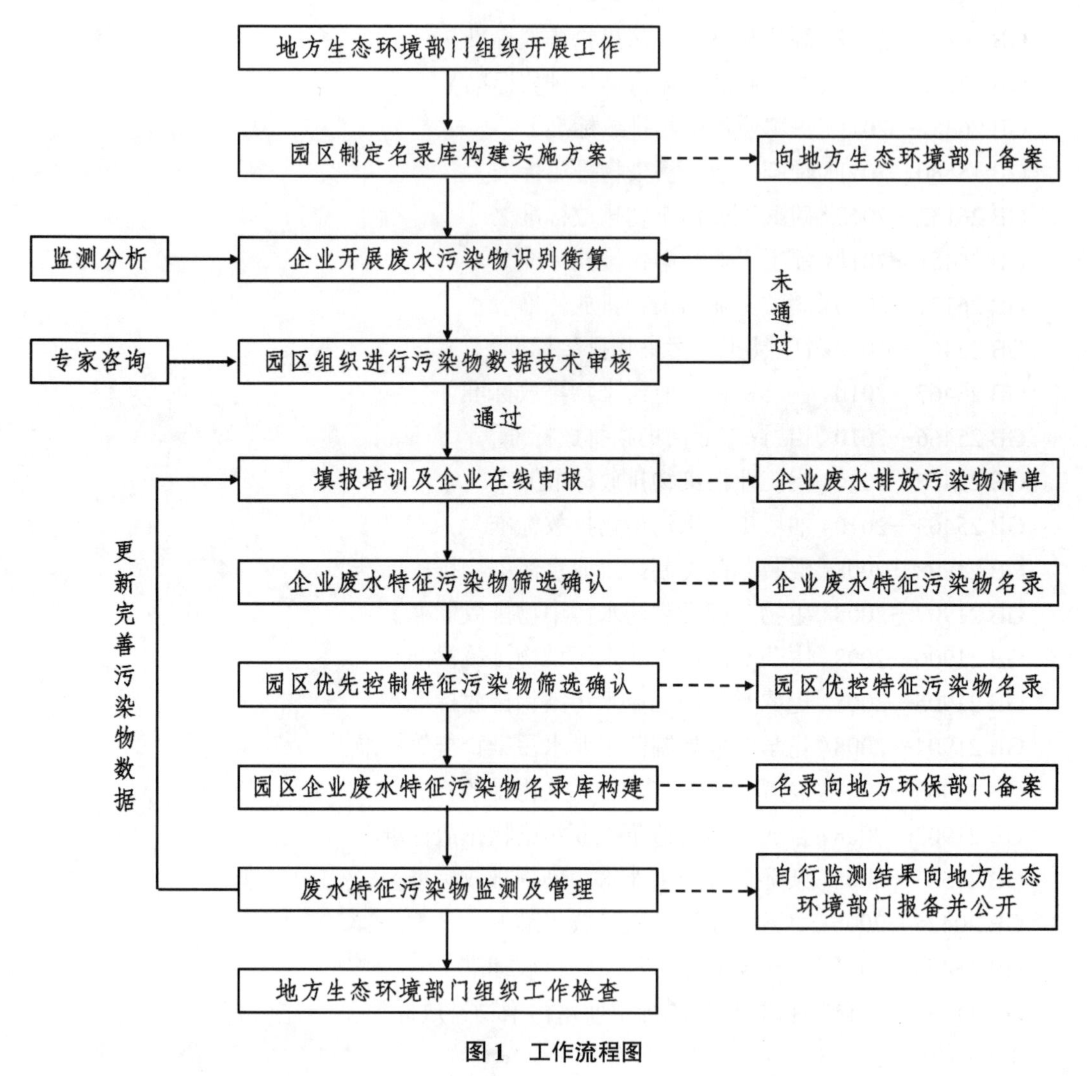

图1 工作流程图

5 主要内容

(一)各地生态环境部门组织开展工作

开展化工园区企业废水特征污染物名录库构建工作是健全环境管理体系的重要基础性工作之一。各地生态环境部门须认真组织开展此项工作,将化工园区企业废水特征污染物名录库构建工作纳入年度工作计划,落实目标责任和进度安排,积极争取地方财政资金支持。同时也要充分利用此项工作,加强培训,培育管理和技术人才,提升园区、企业和各级生态环境部门特征污染物环境管理能力,为今后长期开展相关工作做好管理、技术和人才储备。

(二)园区制定名录库构建实施方案

在充分掌握化工园区企业基本情况、行业类别、废水量、许可排放污染物、实际产能、历史监测结果等情况基础上,制定园区企业废水特征污染物名录库构建实施方案,明确工作目标、主要任务、进度安排以及工作保障等内容,并向地方生态环境部门备案。

方案制定过程中，须充分体现因地制宜、动态更新及分批实施的工作原则，提出各阶段切实可行的具体工作部署。

（三）企业开展废水污染物识别衡算

以生产线为基本单元，在充分掌握物料实际生产使用情况的基础上，按照“生产线 - 工段 - 废水 - 污染物”四个层次，分析废水污染物产生节点，并衡算上年度各股废水水量、污染物组分及产生量，填写附表 1“年度企业废水污染物产生情况表（生产线废水）”。

针对可能产生含化学污染物废水的公用辅助 / 环保设施（不包括废水处理设施），分析产生的废水节点，并衡算上年度各股废水水量、污染物组分及产生量，填写附表 2“年度企业废水污染物产生情况表（公用辅助 / 环保设施废水）”。

针对可能产生含化学污染物的车间其他杂用废水（包括设备冲洗、地面冲洗水等），按照车间进行梳理，衡算上年度各股废水水量、污染物组分及产生量，填写附表 3“年度企业废水污染物产生情况表（车间杂用废水）”。

按照企业废水排口汇总污染物产生情况，并按照废水收排体系及处理情况估算污染物削减量，或者按照监测结果估算污染物排放量，填写附表 4“年度企业废水污染物排放情况表”。

涉及《优先控制化学品名录（第一批）》物质的生产线需按照物质流向进行细致衡算，提供详细的衡算分析报告。

企业废水污染物产、排污衡算分析路线见图 2。

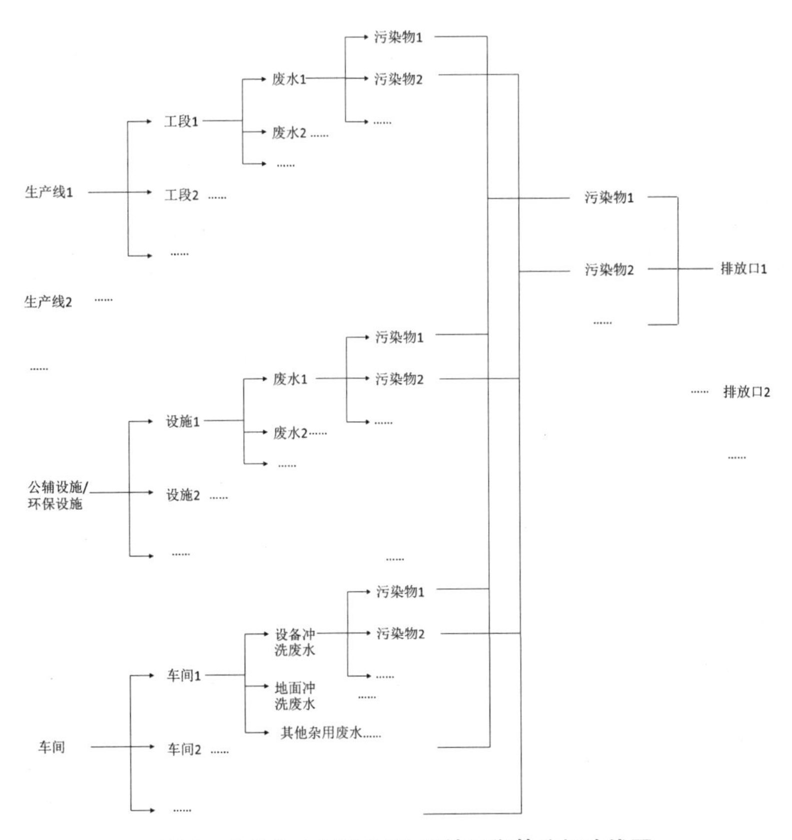

图 2　企业废水污染物产、排情况衡算分析路线图

企业原辅料 / 产品种类较多、废水排放量较大、涉及优先控制化学品等有毒有害物质的重点企业，需结合质谱分析等技术手段进行废水污染物筛查甄别，对重点污染物进行定量监测，根据检测情况对企业污染物识别衡算结果进行校核完善。

（四）组织开展技术审核及企业申报

园区组织技术力量对企业废水污染物衡算分析数据进行技术审核，企业按照附件 3 所列资料清单准备现场审核资料，技术审核人员填写附表 7“企业年度废水污染物数据技术审核表”。通过技术审核的污染物数据经企业负责人签字确认后，按年度向园区进行申报（提交纸质版，并利用园区企业废水特征污染物名录库系统平台进行在线填报）。

园区负责对企业进行填报培训，对填报数据进行逐一审查，地方环保部门组织对在线申报数据进行抽查，确保填报数据的完整性、规范性、准确性。

（五）废水特征污染物筛查确认及名录库构建

园区依据企业申报数据，筛查下列企业废水特征污染物：①列入国家、地方及各行业水污染物排放标准中的污染物；②排放量大、行业特征明显的污染物；③难降解污染物；④高毒害性污染物；⑤列入国家各类管控名录的污染物。

园区汇总企业申报数据，并在企业废水特征污染物筛查基础上，进一步筛查下列污染物作为园区优先管控废水特征污染物：①具有较大的排放量，在环境中检出频率较高；②毒性大或具有致癌、致畸、致突变作用；③难降解，在环境中有一定残留量，在生物体内有积累性；④具备实施监测与控制的必要技术条件。

结合污染物申报及筛查确认工作需要，由园区负责构建企业废水特征污染物名录库系统平台。系统平台应能实现附表 1~ 附表 6 企业填报表格数据的在线申报、汇总统计、查询报表、导入导出等基础功能以及特征污染物自动筛选、专业数据分析等辅助决策功能，并与省级化工园区废水特征污染物系统平台联网。

根据筛查结果，结合管控目标及监测能力等情况，园区首批次选择不少于 5 种、企业首批次选择不少于 3 种（若少于上述数量，请详细说明）的污染物作为第一批优先管控废水特征污染物加以管控，制定管控计划，优先管控废水特征污染物及管控计划经园区及企业确认后按年度报地方生态环保部门备案。

园区和企业可根据自身情况，拓展开展其他类别的污染物筛查，并将筛查结果录入系统平台。

（六）废水特征污染物监测及管理

企业将废水优先管控特征污染物纳入自行监测方案，并开展监测，监测结果及时向地方生态环境部门报备并向社会公开。园区集中式污水处理厂制定特征污染物接管标准，制定监测方案并定期开展监测。园区每年组织污水处理厂及不少于 5% 的企业开展废水污染物筛查性监测分析，根据筛查结果及企业污染源的变化情况，及时对废水特征污染物名录库进行动态更新。园区应积极开展区域污染物的监测分析，并系统开展特征污染物的生态环境风险、健康风险评估工作，以支撑园区优先管控特征污染物的筛选确认工作。

园区督促企业对特征污染物实行分类收集和处理，废水预处理后应达到园区污水集中处理设施接管要求方可排放，污水处理厂应强化优先管控特征污染物的针对性处理措施，实行主要污染物和特征污染物的协同处理,加强排放废水的毒性控制,不得稀释排放。

地方生态环境部门对园区企业废水特征污染物名录库构建工作完成情况进行定期、不定期检查,确保该项工作保质保量按时完成。

6　工作要求

该项工作涉及面广、专业性强、基础信息缺乏。各地要高度重视本次工作,认真学习有关资料,深刻认识该项工作的重要性和必要性,充分认识工作的艰巨性,精心组织,做好宣传和动员工作,做到组织保障、质量保障和时间保障,确保该项工作顺利推进、圆满完成。

(1)组织保障。各地要按时间节点,精心安排各阶段工作,加强沟通协调,严格监督检查。做到领导有方、组织有序、责任到位、落实有力。

(2)质量保障。各地要及时组织好技术力量队伍参与该项工作,积极开展本辖区的培训工作,指导园区和企业填报。按要求严格审核数据,保障数据真实、准确、合理,地方环保管理部门抽查须覆盖 20% 以上企业。

(3)时间保障。2018 年底前,条件较好的示范园区完成企业废水特征污染物名录库构建工作; 2019 年底前,沿海、沿江化工园区完成企业废水特征污染物名录库构建工作; 2020 年底前,其他园区完成企业废水特征污染物名录库建设工作。

各地要及时调度本辖区工作,每年 6 月底、 12 月底上报工作进展,总结经验做法,反馈有关问题。

附件:1. 主要术语释义

2. 填报说明

3. 技术审核须提供的资料清单

附表:1. 企业年度废水污染物产生情况表(生产线废水)

2. 企业年度废水污染物产生情况表(公辅 / 环保设施废水)

3. 企业年度废水污染物产生情况表(车间杂用废水)

4. 企业年度废水污染物排放情况表

5. 企业所有环评项目清单表

6. 企业年度物料情况表

7. 企业年度废水污染物数据技术审核表

附件 1

主要术语释义

1. 企业废水特征污染物:企业排放的常规废水污染物以外的能表征废水主要特性及特定管控需求的化学污染物。主要包括单一组分的无机污染物(如重金属汞、镉、铬、铅等)、有机污染物(如苯、甲苯、二甲苯、甲醛等)和综合性污染物(如氰化物、苯胺类、硝基苯类等),但不包括反映化学污染物的一些综合指标,如生化需氧量(BOD)、化学需氧量(COD),也不包括悬浮颗粒物、热污染、放射性污染等物理性污染物和细菌病毒类等生物性污染物。

2. 优先管控废水特征污染物:在排放的众多废水特征污染物中按照一定原则筛选出的

对人体健康和生态环境危害大的或潜在风险大的、需要优先进行管控的有毒有害污染物，称为优先管控废水特征污染物。

附件 2

填报说明

1. 填报基准年为上一年度；总体上按照一个主要产品一条生产线的原则填写；表格填报人、审核人及单位负责人须签字确认。

2. 附表 1~4 污染物须填写具体的（通常具备 CAS 号）化学污染物组分。不得填写 COD、BOD、氨氮、总氮、总磷、pH 值、色度、悬浮物、动植物油等常规污染指标。

3. 附表 2 公辅 / 环保设施是指除废水处理设施之外的公用辅助设施、废气处理设施等可能产生含化学污染物废水的设施。

4. 附表 3 中车间杂用废水包括设备冲洗及地面冲洗水等。

5. 附表 4 中废水排放口名称、编号及经纬度与企业许可证保持一致；污染物名称、污染物产生总量根据附件 1~3 进行汇总；污染物削减量根据企业废水收排体系及污染治理措施情况进行衡算，在有检测数据支撑的情况下亦可根据排放量进行反推；废水排放类型分为直接排放和间接排放；排放去向填写接管排放的污水厂名称或者直接排放的受纳水体名称。

6. 附表 7 技术审核表由园区组织技术力量进行技术审核时填写，给出是否通过的明确结论，技术审核人员须在表格中签字。

附件 3

技术审核须提供的资料清单

（一）环境管理文件

1. 企业排污许可证及副本复印件；

2. 企业所有环评报告、批复及环保验收材料，并按照附表 5 整理企业环评项目清单表（不限于有生产或者有化学污染物产生的项目）；

3. 企业近三年废水监测资料；

（二）物料及工艺文件

4. 按生产线列出填报基准年（上年度）原辅料及产品情况，并填写附表 6（不限于有化学污染物产生的项目）；

5. 企业填报基准年（上年度）生产台账；

6. 企业填报基准年（上年度）原辅料及产品购销台账及合同、发票等；

7. 企业填报基准年（上年度）有生产的生产线工艺流程图及说明（含产排污环节），反应原理（方程式）；

8. 企业废水收集排体系图、废水预处理工艺流程及描述。

附表 1

__________企业(　　)年度废水污染物产生情况表(生产线废水)

(填报基准年为上一年度)

序号	生产线名称	生产线编号	产品及产量	产生废水工段	废水名称	废水量（t/a）	污染物名称	CAS 号	污染物产生量（t/a）	涉及车间及装置	汇入最终排放口名称	排放口排污许可编号
1	××生产线	SCX-001	产品 1（设计产能___t/a，上年度产量___t）产品 2（设计产能___t/a，上年度产量___t）……	××工段	废水 1		污染物 1					
							污染物 2					
							……					
					废水 2		污染物 1					
							污染物 2					
							……					
				……	……		……					
2	……	SCX-002	……	……	……		……					
					……		……					
……	……	……										

单位负责人：　　　　单位审核人：　　　　单位填表人：　　　　填表时间：　年　月　日

附表 2

______企业(　　)年度废水污染物产生情况表(公辅/环保设施废水)

(填报基准年为上一年度)

序号	公辅/环保设施名称	公辅/环保设施编号	型号/规模	废水名称	废水量（t/a）	污染物名称	CAS 号	污染物产生量（t/a）	汇入最终排放口名称	排放口排污许可编号
1	××	SS-001		废水 1		污染物 1				
						污染物 2				
						……				
				废水 2		污染物 1				
						……				
				……		……				

续表

序号	公辅 / 环保设施名称	公辅 / 环保设施编号	型号 / 规模	废水名称	废水量（t/a）	污染物名称	CAS 号	污染物产生量(t/a)	汇入最终排放口名称	排放口排污许可编号
2	……	SS-002	……	废水1						
				……						
				……						
……	……	……								

单位负责人： 单位审核人： 单位填表人： 填表时间： 年 月 日

附表 3

________企业(　　)年度废水污染物产生情况表(车间杂用废水)

(填报基准年为上一年度)

序号	车间	废水名称	废水量（t/a）	污染物名称	CAS 号	污染物产生量（t/a）	汇入最终排放口名称	排放口排污许可编号
1	车间 1	设备冲洗水		污染物 1				
				污染物 2				
				……				
		地面冲洗水		污染物 1				
				……				
		……		……				
				……				
2	车间 2	……		……				
3	……	……						

单位负责人： 单位审核人： 单位填表人： 填表时间： 年 月 日

附表 4

__________企业(　　)年度废水污染物排放情况表

(填报基准年为上一年度)

序号	废水排放口名称	排放口排污许可编号	排放口地理坐标		排放水量（t/a）	污染物名称	CAS 号	涉及生产线和设施编号	污染物产生总量(t/a)	污染物削减量（t/a）	污染物排放量（t/a）	排放类型	排放去向
			经度	维度									
1	排放口 1	WS-0001				污染物 1							
						污染物 2							
						污染物 3							
						……							

续表

序号	废水排放口名称	排放口排污许可编号	排放口地理坐标		排放水量（t/a）	污染物名称	CAS号	涉及生产线和设施编号	污染物产生总量(t/a)	污染物削减量（t/a）	污染物排放量（t/a）	排放类型	排放去向
			经度	维度									
4	排放口 2	WS-0002				污染物 1							
						污染物 2							
						……							
……						……							

单位负责人： 单位审核人： 单位填表人： 填表时间： 年 月 日

附表 5

＿＿＿＿＿＿企业所有环评项目清单表
（填报自建厂以来所有已批复环评的项目）

序号	年份	项目名称	环评批复文号	验收时间及文号(若有）	备注 （分期验收、未验收及生产情况补充说明）
1					
2					
……					

单位负责人： 单位审核人： 单位填表人： 填表时间： 年 月 日

附表 6

＿＿＿＿＿企业(　　)年度物料情况表
（填报基准年为上一年度）

序号	生产线名称	生产线编号	产品(t/a)					原辅料(t/a)			
			产品中文名称		CAS 号	设计产能	实际产量(上年度）	原辅料中文名称		CAS号	实际用量(上年度）
1	××生产线	SCX-001	产品 1(纯物质）					原辅料 1(纯物质）			
			产品 1(纯物质）					原辅料 2(混合物）	物质 1		
			产品 1(纯物质）						物质 2		
			产品 4（混合物）	物质 1					物质 3		
				物质 2					物质 4		
				物质 3					物质 5		
				物质 4				原辅料 3(纯物质）			
				物质 5				原辅料 4(纯物质）			
			……					……			

续表

序号	生产线名称	生产线编号	产品（t/a）				原辅料（t/a）		
			产品中文名称	CAS 号	设计产能	实际产量（上年度）	原辅料中文名称	CAS 号	实际用量（上年度）
2	××生产线	SCX-002	……				……		
			……				……		
……									

单位负责人：　　　　单位审核人：　　　　单位填表人：　　　　填表时间：　　年　月　日

说明：原辅料或产品若为混合物填报不超过 5 种主要物质组分即可，设计产能、实际产量及用量折算成所含主要组分的物料量。

附表 7

________企业（　）年度废水污染物数据技术审核表

序号	审核内容	审核要点	审核结论	是否通过审核
1	废水污染物产生情况表（生产线废水、公辅／环保设施废水、其他杂用废水）	1）生产线、设施等是否填写全面		
		2）设计产能及实际产量是否填写正确		
		3）产生废水及污染物是否全面、规范		
		4）污染物名称、CAS 号是否填写准确		
		5）污染物产生量是否填写合理		
2	废水污染物排放情况表	1）污染物汇总是否全面		
		2）产生量汇总数据是否正确		
		3）削减量核算是否合理		
		4）排放口信息与排污许可证是否一致		技术审核人员签字：
3	其他相关内容	1）项目清单及物料清单是否填写全面正确		
		2）填报数据与现场审核提供的资料是否相符		年　月　日
		3）填报表格签字信息是否完整		
其他问题及建议：				

附录 3

化工园区混合废水处理技术规范(HG/T 5821—2020)

ICS 13.060.30；19.020
G 76

HG

中华人民共和国化工行业标准

HG/T 5821—2020

化工园区混合废水处理技术规范

Technical specification for composite wastewater treatment in chemical industry park

2020-12-09 发布　　2021-04-01 实施

中华人民共和国工业和信息化部　发布

前　言

本标准按照GB/T 1.1—2009给出的规则起草。

本标准由中国石油和化学工业联合会提出。

本标准由全国化学标准化技术委员会水处理剂分技术委员会（SAC/TC63/SC5）归口。

本标准起草单位：南京大学、南京大学宜兴环保研究院、江苏中宜金大环保产业技术研究院有限公司、江苏富淼科技股份有限公司、中国石油和化学工业联合会化工园区工作委员会、上海化学工业区中法水务发展有限公司、北京理工大学珠海学院、天津海化环境工程有限公司、衡阳市建衡实业有限公司、中海油天津化工研究设计院有限公司、东莞理工学院。

本标准主要起草人：任洪强、胡海冬、张徐祥、何家华、杨挺、金蒲斌、娇庆泽、何朝晖、耿金菊、史志琴、王庆、冯媛媛、牛军峰、王黎芸、朱传俊。

HG/T 5821—2020

化工园区混合废水处理技术规范

1 范围

本标准规定了化工园区混合废水处理的术语和定义、总体要求、设计水量及污染负荷、工艺设计、排放及再生回用要求。工艺设计包括一般要求、纳管要求、收集与输送、处理工艺流程、分质预处理工艺、生化处理工艺以及深度处理工艺。

本标准适用于化工园区集中式污水处理厂的新建、改建和扩建项目的混合废水处理技术。

2 规范性引用文件

下列文件对于本文件的应用是必不可少的。凡是注日期的引用文件，仅注日期的版本适用于本文件。凡是不注日期的引用文件，其最新版本（包括所有的修改单）适用于本文件。

GB/T 1576 工业锅炉水质

GB 8978 污水综合排放标准

GB 12348 工业企业厂界环境噪声排放标准

GB 18918 城镇污水处理厂污染物排放标准

GB/T 18919 城市污水再生利用 分类

GB/T 18920 城市污水再生利用 城市杂用水水质

GB/T 18921 城市污水再生利用 景观环境水水质

GB/T 19923 城市污水再生利用 工业用水水质

GB 50014 室外排水设计规范

GB/T 50050 工业循环冷却水处理设计规范

GB/T 50087 工业企业噪声控制设计规范

GB 50483 化工建设项目环境保护设计规划

CJJ 60 城镇污水处理厂运行、维护及安全技术规程

HJ 212 污染源在线监控（监测）系统数据传输标准

HJ/T 353 水污染源在线监测系统安装技术规范

HJ/T 355 环境保护产品技术要求 水污染源在线监测系统运行与考核技术规范

HJ 2016 环境工程 名词术语

SL 368—2006 再生水水质标准

3 术语和定义

HJ 2016 界定的“好氧”“缺氧”“厌氧”“硝化”“反硝化”“气浮”“隔油”“水解酸化”“高级氧化”“膜分离”“离子交换”“反渗透”“臭氧氧化”“膜生物法”“生物膜法”等术语的定义以及下列术语和定义适用于本文件。

3.1

化工园区 chemical industry park

以石化化工为主导产业的新型工业化产业示范基地、高新技术产业开发区、经济技术开发区及由各级政府依法设置的化工生产企业集中区。

3.2

生产废水 process wastewater

化工园区企业生产过程中排出的废水，包括随水流失的工业生产用料、中间产物、副产品以及生产过程中产生的污染物。

3.3

混合废水 composite wastewater

化工园区内不同类型的废水汇入集中式污水处理厂后混合形成的废水。

注：不同类型包括不同来源的废水，如生产废水、生活污水及其他废水，也包括不同类型的污染物，如酸性污染物、碱性污染物、油类、有机物、重金属等。

3.4

集中式污水处理厂 centralized wastewater treatment plant

接纳处理多个工业企业废水的集中式污水处理设施，本标准特指化工园区接纳处理混合废水的处理设施。

3.5

再生水 reclaimed water

化工园区集中式污水处理厂出水水源经回收适当处理后，达到一定水质标准，并在一定范围内重复利用的水资源。

注：改写 SL 368—2006，定义 2.0.1。

4 总体要求

4.1 化工园区集中式污水处理厂应科学规划，合理布局，完善配套。其厂址选择和总图布置应符合 GB 50483 的规定。

4.2 化工园区集中式污水处理厂的运行、维护管理及安全操作可参照 CJJ 60 的规定。

4.3 化工园区集中式污水处理厂应依据国家有关法律法规、标准规范和政府文件的规定进行风险评估，严控安全风险，加强环境风险隐患排查，定期开展整体性安全风险评价，设置安全管理机构，构建应急预案，提升应急救援能力，严格安全管理。

4.4 化工园区集中式污水处理厂废水的收集、处理、回用，应采用清污分流、雨污分流、污污分治、分质回用的原则，设置不同废水管网收集系统，分类收集企业废水，管道标识应符合相关规定。合理划分排水系统，排水管渠设计应符合 GB 50014 的规定。

4.5 化工园区集中式污水处理厂应避免产生二次污染或有消除二次污染的控制措施，应对有毒、恶臭等废气污染物进行封闭收集，按相关法律法规及标准规范进行废气治理，排放应符合地方、行业或国家相关排放标准。

4.6 化工园区集中式污水处理厂的危险废物和一般固体废物的管理应遵守国家有关规定。

4.7 化工园区集中式污水处理厂厂界环境噪声排放的限值、管理、评价及控制应符合 GB 12348 的规定，内部噪声控制的布置及设计应符合 GB/T 50087 的规定。

4.8 化工园区集中式污水处理厂在线监测系统的设定及技术要求应符合 HJ/T 353 的规定；在线监测设备的运行及管理应符合 HJ/T 355 的规定；在线监测系统及数据传输应符合 HJ 212 的规定。

5 设计水量及污染负荷

5.1 设计水量和生产废水量

5.1.1 设计水量

化工园区集中式污水处理厂设计水量可按公式（1）计算：

$$Q=K(Q_1+Q_2+Q_3) \qquad (1)$$

式中：

Q——化工园区集中式污水处理厂设计水量的数值，单位为立方米每天（m^3/d）；

K——变化系数（根据化工园区集中式污水处理厂规模和工艺特点确定）；

Q_1——生产废水量的数值，单位为立方米每天（m^3/d）；

Q_2——生活污水量的数值，单位为立方米每天（m^3/d）（按现行国家标准 GB 50014 的有关规定执行）；

Q_3——其他水量的数值，单位为立方米每天（m^3/d）（其他水量包括初期雨水、事故水和产生的其他废水，应符合 GB 50014 的有关规定）。

5.1.2 生产废水量

化工园区集中式污水处理厂生产废水量可按公式（2）计算：

$$Q_1=\sum_{i=1}^{n}Q_i \qquad (2)$$

式中：

Q_1——化工园区集中式污水处理厂生产废水量的数值，单位为立方米每天（m^3/d）；

Q_i——化工园区第 i 家企业排放的生产废水量的数值，单位为立方米每天（m^3/d）。

5.2 污染负荷

化工园区各种废水混合后各污染物污染负荷应按公式（3）计算：

$$C_j=\frac{\sum(C_{ij}Q_{ij})}{\sum Q_i} \qquad (3)$$

式中：

C_j——化工园区混合废水中第 j 类污染物的混合浓度的数值，单位为毫克每升（mg/L）；

C_{ij}——化工园区第 i 家企业排放的废水中第 j 类污染物的浓度的数值，单位为毫克每升（mg/L）；

Q_{ij}——化工园区第 i 家企业排放的废水中第 j 类污染物的流量的数值，单位为立方米每天（m^3/d）；

$\sum Q_i$——化工园区总废水量之和，单位为立方米每天（m^3/d）。

6 工艺设计

6.1 一般要求

6.1.1 化工园区集中式污水处理厂应依据园区混合废水的水量及污染物特征，综合考虑技术、环境、资源和经济等因素，选择适宜的技术路线。

6.1.2 化工园区混合废水处理总体上宜采用分质预处理、生化处理和深度处理的工艺。

6.1.3 化工园区集中式污水处理厂宜根据水质及园区规模将生化处理单元设计成平行的两个或两个以上系列，北方地区生化处理部分在冬季应采取保温措施。

6.2 废水纳管要求

6.2.1 化工园区企业生产废水排入集中式污水处理厂应符合当地有关部门要求和地方相关排放标准。暂未有当地要求和地方相关排放标准的，应符合 GB 8978 等国家、行业排放标准规定。

6.2.2 化工园区企业与集中式污水处理厂进行协商排放的，应根据其污水处理能力商定标准，并符合当地环保部门及相应法律法规的规定。

6.3 废水收集与输送

6.3.1 化工园区集中式污水处理厂应根据污染物的性质，进行分类收集、分质处理。废水经专用管道汇入集中处理区域，管线标识设置规范，配套管网，各输送管道明管化，安装水质水量在线监测仪。

6.3.2 化工园区集中式污水处理厂输送有毒有害废水的管道应采取防渗漏措施；输送含酸、碱等强腐蚀物质的管道应采取防腐蚀措施。

6.3.3 化工园区集中式污水处理厂应设置人工采样点和在线监测装置，监测企业废水输送管出水水质。

6.3.4 废水达到纳管要求，进入下一处理单元；废水未达到相应要求或处理设施故障，进入应急事故水池或缓存池。

6.4 混合废水处理工艺流程

化工园区混合废水处理工艺流程可参照图 1。

HG/T 5821—2020

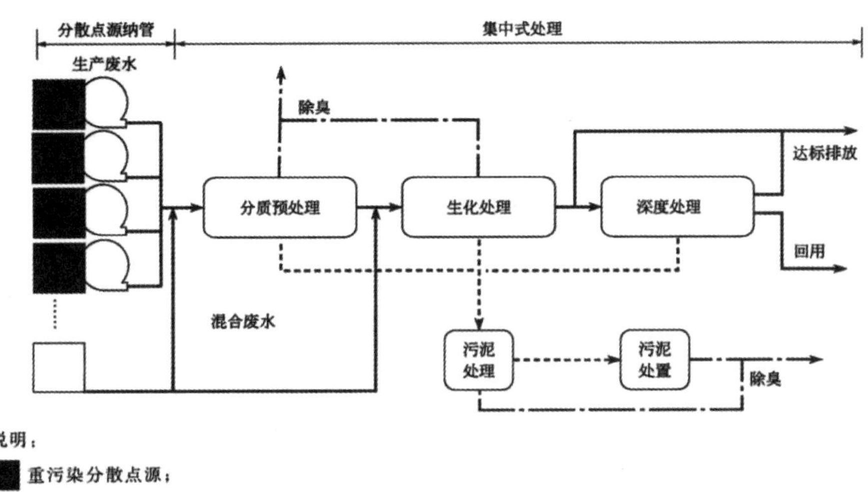

说明：

■ 重污染分散点源；

◯ 企业预处理；

□ 生活及其他废水；

——► 废水处理；

---► 污泥处理；

—·-► 恶臭处理。

图 1　化工园区混合废水处理工艺流程

6.5　混合废水分质预处理工艺

6.5.1　分质预处理

a）进入分质预处理前，依据废水水质，化工园区集中式污水处理厂可接管部分生活污水及其他废水调节水质。

b）化工园区集中式污水处理厂应依据废水水质进行分质预处理。影响生化处理的有毒有害废水宜单独配套预处理措施和设施。

c）化工园区集中式污水处理厂混合废水分质预处理工艺的选择及部分出水水质的指标宜按表 1 的规定。

表1 化工园区集中式污水处理厂混合废水分质预处理工艺及部分出水水质要求

混合废水分质预处理		部分出水水质指标推荐值
工艺单元[a]	主要去除污染物	
混凝沉淀、过滤	悬浮固体、胶体颗粒、重金属离子	悬浮物（SS）<400 mg/L 6<pH<9 BOD_5/COD>0.3 含油量<20 mg/L 氯化物<3 000 mg/L
吸附、微电解、高级氧化	难降解物质	
隔油、气浮、重力式除油	油类	
中和反应	酸、碱	
水解酸化、混凝+水解酸化	难降解污染物、悬浮固体	
电渗析[b]、反渗透[b]、离子交换[b]	盐类、重金属离子	

[a] 表格内容为推荐工艺，处理工艺不限于以上表格内容，集中式污水处理厂应根据废水处理量及污染物特性选择适宜的预处理工艺单元。

[b] 针对处理某类水量小，含有特定盐类、金属离子污染物的废水推荐的预处理工艺单元。

6.5.2 水质水量调节

a）混合废水预处理工艺中应设置调节池单元，并在池内设置防止沉淀的设施。

b）调节池水力停留时间宜为8 h～24 h，或可根据集中式污水处理厂规模和工艺特点确定调节池水力停留时间。

6.6 混合废水生化处理工艺

化工园区集中式污水处理厂生化处理应包含“硝化反硝化”基础脱氮工艺和除磷工艺。集中式污水处理厂应综合考虑工艺成熟度、稳定性、经济性及实际运行效果等因素，采用适宜的工艺，相关工程技术规范可参照相关国家、行业标准的规定。生化处理工艺处理效率应通过试验或类比同类化工园区集中式污水处理厂运行经验确定。推荐生化处理工艺流程图及处理效率可参照表2。

HG/T 5821—2020

表2 化工园区集中式污水处理厂混合废水生化处理工艺流程图及处理效率

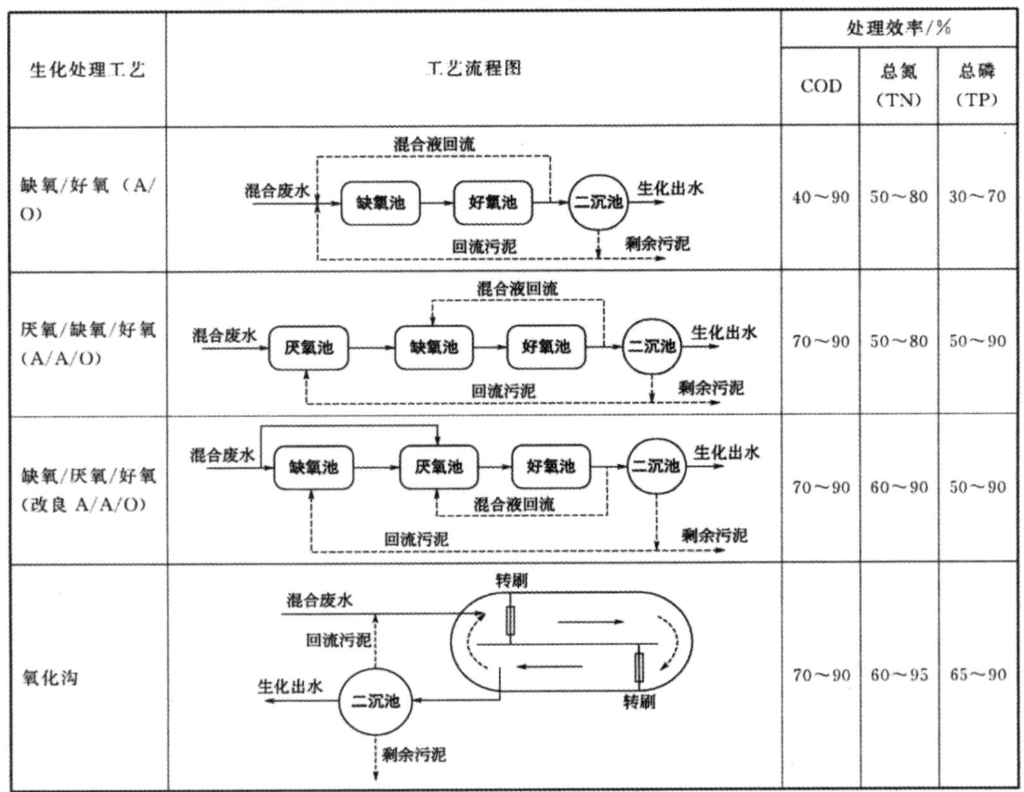

生化处理工艺	工艺流程图	处理效率/%		
		COD	总氮（TN）	总磷（TP）
缺氧/好氧（A/O）		40～90	50～80	30～70
厌氧/缺氧/好氧（A/A/O）		70～90	50～80	50～90
缺氧/厌氧/好氧（改良A/A/O）		70～90	60～90	50～90
氧化沟		70～90	60～95	65～90

6.7 混合废水深度处理工艺

6.7.1 化工园区混合废水污染物经生化处理无法去除的，或污染物浓度仍未达到排放要求的，应采用深度处理工艺对混合废水进行进一步处理。

6.7.2 化工园区混合废水有回用需求的，应根据回用对象确定水质要求，采用深度处理工艺对混合废水进行进一步处理。

6.7.3 深度处理工艺包括物理化学法、高级氧化法、生物深度处理法。物理化学法包括混凝法、吸附法、膜分离、离子交换、消毒等；高级氧化法包括臭氧氧化等；生物深度处理法包括膜生物法、生物膜法、生物强化法等。

7 排放及再生回用

7.1 排放要求

化工园区混合废水排放应符合当地有关部门要求和地方相关排放标准。暂未有当地要求和地方相关排放标准的，应符合 GB 8978 和 GB 18918 等国家、行业排放标准规定。

HG/T 5821—2020

7.2 水再生回用

7.2.1 化工园区集中式污水处理厂再生水回用用途包括工业用水、城市杂用水、景观环境用水等，混合废水应通过专用管道实现再生水的回用，水再生分类可参照 GB/T 18919 的相关规定。

7.2.2 化工园区混合废水的回用应根据回用对象对水质的要求确定，回用水质应符合当地要求和地方相关标准。回用至工业用水时，可参照 GB/T 19923 等相关规定；回用至工业循环冷却水时，应达到 GB/T 50050 等相关用水水质要求；回用至锅炉补给水时，应达到 GB/T 1576 等相关用水水质要求。回用至其他工艺水与产品用水水源时，水质应达到相关行业用水水质要求；回用至杂用水及景观用水时，可参照 GB/T 18920、GB/T 18921 等相关规定。

参考文献

[1] 杨永杰. 化工环境保护概论 [M].2 版. 北京:化学工业出版社,2017.

[2] 贾素云. 化工环境科学与安全技术 [M]. 北京:国防工业出版社, 2009.

[3] 陈瑶. 工业园区水环境系统管理与机制创新 [M]. 北京:中国环境出版集团, 2018.

[4] 克里斯蒂安·戈特沙克,尤迪·利比尔,阿德里安·绍珀. 水和废水臭氧氧化:臭氧及其应用指南 [M]. 李风亭,张冰如,张善发,等,译. 北京:中国建筑工业出版社,2004.

[5] 张自杰. 排水工程下册 [M].5 版. 北京:中国建筑工业出版社,2015.

[6] 林荣忱,乔寿锁,王家廉. 污废水处理设施运行管理 [M]. 北京:北京出版社,2006.

[7] 侯艳君. 臭氧 / 金属氧化物催化降解水中有机物的研究 [M]. 哈尔滨:黑龙江大学出版社,2013.

[8] 段云霞,曾猛,石岩,等. 甲磺胺制药废水废气处理工艺研究及设计 [J]. 中国给水排水,2017,33(12):83-86.

[9] 段云霞,石岩,吕晶华,等. 生物强化及催化氧化处理颜料废水工程应用 [J]. 工业水处理,2016,36(9):92-94.

[10] 冯敏. 化工园区高 COD 废水预处理研究技术 [J]. 建筑工程技术与设计,2018(13):866.

[11] 茹星瑶,押玉荣,张静,等. 微气泡臭氧催化氧化深度处理化工园区废水研究 [J]. 工业水处理,2017,37(10):57-60.

[12] 许明,刘伟京,涂勇,等. 某化工园区废水处理工程设计实例 [J]. 化工环保, 2014, 34(3):245-249.

[13] 吴俊. 长寿化工园区化工废水处理方案比对研究 [D]. 重庆:重庆交通大学,2013.

[14] 王栋. 综合化工废水中难降解有机物的解析及生物强化技术研究 [D]. 天津:天津大学,2013.

[15] 吴琼,周启星,华涛. 微电解及其组合工艺处理难降解废水研究进展 [J]. 水处理技术,2009,35,(11):27-32,40.

[16] 代允,周婷婷,毕琴,等. 溶剂萃取法回收 4- 溴 -2- 氟碘苯萃余废水中的碘 [J]. 环境科学与技术,2012,35(004):165-169.

[17] 季叔衡. 水污染源评价方法探讨 [J]. 环境科学与技术,1989,2(1):30-34.

[18] 杨青. 采用影响系数进行水污染源评价的新方法 [J]. 青海环境,1992,2(4):193-196.

[19] 王裕东,倪晋仁,罗华铭. 区域工业污染源评价方法及其应用 [J]. 环境科学, 2003, 16(4):53-57.

[20] 胡瑞丰,陈欢,许娟娟. 工业污染源评价方法探讨 [J]. 资源节约与环保, 2019,1(1):83.

[21] 史菲菲,但智钢,姚扬,等. 基于等标污染负荷的电解锰废水污染源解析 [J]. 环境工程技术学报,2021,11(1):158-162.

[22] 姜河,周建飞,廖学品,等. 基于等标污染负荷法的牛皮加工过程废水污染源解析 [J]. 中

国皮革,2018,47(5):39-45.
[23] 王颖哲,陶博,于水利. 高浓度活性污泥法处理化工园区综合废水研究 [J]. 工业水处理,2009,29(9):72-74.
[24] 乔鹏. 微电解—电解—电-fenton 预处理精细化工废水 [D]. 苏州:苏州科技学院,2014.
[25] 夏利国. 膜分离技术原理及在水处理行业中的应用 [J]. 山东化工,2010,39(9):48-51.
[26] 张维,唐运平,郑先强,等. 多水源化工园区综合废水的水体特征研究 [J]. 环境科学与管理,2011,36(12):36-41.
[27] 陈滨,王申,黄访平,等. 化工园区混合化工废水集中处理技术探讨 [J]. 工业用水与废水,2013,44(1):38-41.
[28] 奉桂红,刘世文,胡永龙,等. 深圳市实施排水系统分流制的探讨 [J]. 中国给水排水,2002,18(10):24-26.
[29] 李根锋,徐军,吴楠. 化工园区废水集中处理管理模式的优化 [J]. 工业用水与废水,2014,45(5):39-41.
[30] 冯粒克,喻学敏,白永刚,等. 化工园区混合化工废水处理技术研究 [J]. 污染防治技术,2010, 23(4):69-73.
[31] 谢志成,赵文喜,徐亚鹏,等. 化学工业园区污水处理模式探讨 [J]. 环境科学与技术,2012,14(17):45-46.
[32] 李益群,王新疆. 化工企业废水分类收集、清污分流构思 [J]. 绿色科技,2016,5:49-51.
[33] 唐敏,涂勇,白永刚,等. 某化工园区废水分类收集分质处理系统设计 [J]. 污染防治技术,2020,33(1):2-4,12.
[34] 薛银刚,徐东炯,曹志俊,等. 利用生物毒性在线监测系统监控和评价排水综合毒性 [J]. 环境科技,2017,30(3):23-26.
[35] 郑晓红. 重金属在线监测系统在废水污染源监测中的应用现状及其发展前景 [J]. 仪器仪表与分析监测,2019,(3):44-46.
[36] 武永强. 影响废水在线监测仪器运行因素探讨 [J]. 大众标准化,2019,(1):27-29.
[37] 麻晓越,孙治荣. 电催化技术在有机化工废水处理中的研究进展 [J]. 现代化工,2018,38(3):42-46.
[38] 戴启洲,蔡少卿,王家德,等. 电催化氧化 / 生物法联用处理高浓度化工废水 [J]. 中国给水排水,2016,26(12):96-99.
[39] 彭向阳. 煤化工废水零排放工程中膜集成技术的应用 [J]. 水处理技术, 2020, 46(1):130-133.
[40] 唐华.MVR 技术在硫酸铵蒸发结晶中的应用 [J]. 广东化工,2015,43(24):179-180,211.
[41] 李亚仙,刘宝,陈晓庆,等.MVR 蒸发系统影响因素分析 [J]. 甘肃科技, 2016, 32(10):50-52.
[42] 余海晨,钟沛文,高玮,等. 合成化工高盐废水的零排放工艺设计及研究 [J]. 城市环境与城市生态,2013,26(1):44-46.
[43] 黄子逸. 工业园区化工废水处理工程实例 [J]. 广州化工,2019,46(6):165-167.

[44] 康霁,王维勋,封超,等. 处理兰炭炼焦含油污水的隔油池的设计与计算 [J]. 广州化工,2013,41(14):35-37.

[45] 王小昌,李国栋,李春华. 电石法聚氯乙烯含汞废水处理 [J]. 聚氯乙烯, 2013, 41(4):42-44.

[46] 王小昌,李国栋. 电石法聚氯乙烯含汞废水吸附除汞 [J]. 聚氯乙烯,2012,40(4):28-30.

[47] 刘秀宁,乐飞,汤捷. 多维电催化 + 臭氧组合技术处理制药废水研究 [J]. 医药工程设计,2011,32(2):60-62.

[48] 陈晓庆,卢奇,陆丽丽,等. 多效蒸发系统影响因素分析 [J]. 石油化工设备, 2015, 44(增刊 1 的位置):64-66.

[49] 秦继华,靳辉,樊健,等. 高浓度化工废水处理工程实例 [J]. 江西化工,2017,(6):87-90.

[50] 何涛. 隔油 - 气浮 - 延时曝气工艺处理香料废水 [J]. 环境科技,2017,30(5):45-47,51.

[51] 许明,涂勇,蔡伟民,等. 混凝沉淀 -A^2/O- 过滤工艺处理化工园区废水实例 [J]. 给水排水,2018,44(9):68-73.

[52] 张文海,杨耀. 活性炭负载 Ni-Cu-Mn 催化臭氧预处理化工废水的研究 [J]. 北方环境,2011,23(7):106-108.

[53] 王祖佑,陈怡,陈进富,等. 兰州石化高浓度化工污水芬 Fenton 化试验研究 [J]. 广州化工,2010,37(9):235-237.

[54] 张来明,贾荣畅. 鲁西化工硝胺生产工艺废水处理反渗透的应用情况 [J]. 山东化工,2017,46(8):172-174.

[55] 高永钢,史志伟. 膜蒸馏在火电厂脱硫废水零排工艺中的技术经济分析 [J]. 华电技术,2020,42(3):25-30.

[56] 陈春茂,曹越,胡景泽,等. 难降解石油化工废水臭氧氧化处理催化剂研究进展 [J]. 工业水处理,2020,40(4):1-5,88.

[57] 田博. 气浮装置在化工废水中的应用 [J]. 环境保护科学,2010,36(2):11-13.

[58] 刘柏智,刘发强,丁雪红. 水解酸化 +A/O 新工艺处理化工污水 [J]. 环境工程, 2006, 24(2):29-30.

[59] 田云龙. 调节 / 隔油、气浮 / 臭氧催化氧化 / 复合高效厌氧反应器预处理 BDO 化工废水工程实例 [J]. 应用技术,2015,02(20):217-218.

[60] 刘兴,林振锋,陈茂林,等. 微电解—催化氧化—A/O 法处理医药化工废水 [J]. 工业水处理,2013,33(5):84-86.

[61] 沈文慧. 微电解法在化工废水处理中的工程应用 [J]. 山东化工,2013,42(9):79-81.

[62] 牛耀岚,吴曼菲,胡湛波. 吸附法处理水体重金属污染的研究进展 [J]. 华北水利水电大学学报(自然科学版),2019,40(2):46-51.

[63] 甄宝勤. 吸附法处理重金属废水 [J]. 山西化工,2005,25(4):29-33.

[64] 税永红,李前华,唐欢. 吸附法处理重金属废水的研究现状及进展 [J]. 成都纺织高等专科学校学报,2016,33(2):207-213.

[65] 段云霞,曾猛,许丹宇,等. 香精香料废水废气处理工艺研究及设计 [J]. 工业水处理,2017,37(6):100-103.